Beitrag zur Kenntnis des Wirkungsgrades trockener Luftkompressoren.

Von der

Königl. Sächs. Technischen Hochschule zu Dresden

zur

Erlangung der Würde eines Doktor-Ingenieurs

genehmigte

Dissertation.

Vorgelegt von

Dipl.-Ing. Walter Heilemann

aus Leipzig-Kleinzschocher.

Referent: Herr Professor Dr. R. Mollier.
Korreferent: Herr Professor M. Buhle.

Springer-Verlag Berlin Heidelberg GmbH

ISBN 978-3-662-01959-7   ISBN 978-3-662-02255-9 (eBook)
DOI 10.1007/978-3-662-02255-9

Beitrag zur Kenntnis des Wirkungsgrades trockener Luftkompressoren.

Die Gefahrlosigkeit und einfache Anwendbarkeit haben dem Druckluftbetrieb in der Technik eine stetig steigende Verbreitung gesichert. Allein für die Zwecke des Bergbaues sind zur Erzeugung von Druckluft eine große Anzahl Maschinen von bedeutenden Abmessungen vorhanden, und die Vervollkommung der Druckluftwerkzeuge hat den Luftkompressoren Eingang in die verschiedenartigsten Betriebe verschafft.

Trotz der Wichtigkeit dieser Maschinen sind die Unterlagen zur Berechnung und zur Beurteilung ihrer Wirtschaftlichkeit in mancher Beziehung unsicher. Die zahlreichen in der Literatur bekannt gewordenen älteren an Luftkompressoren angestellten Versuche lassen nur in beschränktem Maße Schlüsse auf die Güte des Arbeitsprozesses zu, da die angesaugten Luftmengen fast allgemein an Hand der Indikatordiagramme berechnet worden sind[1].

Auf das Unzulässige dieses Verfahrens ist schon mehrfach hingewiesen worden[2], und es ist ohne weiteres zu erwarten, daß die aus dem Indikatordiagramm ermittelte Luftmenge von der wirklich vom Kompressor angesaugten abweichen wird, da sich aus dem Diagramm allein nur die Drücke und Rauminhalte, aber nicht die Temperaturen der im Zylinder befindlichen Luft ermitteln lassen.

Versuche zur Aufklärung dieser Verhältnisse waren somit erwünscht, und es wurden deshalb auf Anregung des Herrn Prof. Dr. Mollier an der Kompressoranlage des Maschinenlaboratoriums B der Technischen Hochschule zu Dresden im Sommer 1903 vom Verfasser eine Anzahl Versuche ausgeführt.

Während der Bearbeitung dieser Versuche erschienen einige Arbeiten[3], die sich mit dem gleichen Gegenstande befassen, und auf die im Verlaufe dieser

---

[1] Americ. Machinist 1896 S. 669. Glückauf, berg- und hüttenmänn. Wochenschrift 1901 S. 454. Desgl. 1902 S. 49 ff. Oesterr. Zeitschrift für Berg-.u. Hüttenwesen 1901 S. 359. Zeitschrift des Vereines deutscher Ingenieure 1902 S. 158. v. Ihering, die Gebläse, 2. Aufl. S. 207, 212.

[2] Oesterr. Zeitschr. für Berg- und Hüttenwesen 1901 S. 379. Zeitschr. für komprim. Gase 1902 S. 44. Zeitschrift des Vereines deutscher Ingenieure 1904 S. 114.

[3] Köster, Luftkompressoren, Zeitschrift des Vereines deutscher Ingenieure 1904 S. 109. Lehrecht, Versuche mit raschlaufenden Kompressoren, desgl. 1905 S. 151. Richter, Therm. Untersuchungen an Luftkompressoren, Forschungsarbeiten, herausgegeben vom Verein deutscher Ingenieure Heft 32.

Arbeit mehrfach zurückgekommen wird. Der Umstand, daß den eben erwähnten Veröffentlichungen ein nicht sehr umfangreiches Versuchsmaterial zu Grunde liegt, läßt die Mitteilung der Versuchsergebnisse des Verfassers nicht unerwünscht erscheinen.

Der Hauptzweck der Versuche, über die im nachstehenden berichtet werden soll, war die Ermittlung der vom Kompressor bei verschiedenen Umlaufzahlen und Kompressionsenddrücken angesaugten Luftmenge und der dabei aufgewendeten indizierten Arbeit. Im Zusammenhange damit ließ sich durch Anwendung verschieden großer Kühlwassermengen der Einfluß der Kühlung auf Luftlieferung und Arbeitsbedarf, wenigstens in gewissen Grenzen, feststellen.

Die Versuchseinrichtung.

Die von G. A. Schütz in Wurzen i/Sa. für die Zwecke des Laboratoriums gebaute Kompressoranlage, Fig. 1 bis 4, besitzt drei Zylinder und zwei Zwischenkühler und gestattet, die angesaugte Luft in drei Stufen auf 100 at zu verdichten. Sämtliche Luftleitungen sind so angeordnet, daß sich auch jeder Zylinder allein benutzen läßt. Der Zylinder I ist doppeltwirkend und mit Rundschiebersteuerung

Fig. 1.

in Verbindung mit leichten, federbelasteten Plattenventilen versehen. Die Zylinder II und III haben gleiche Bauart und besitzen je ein freigehendes, mit Feder belastetes Saug- und Druckventil. Bei den vorliegenden Versuchen wurde nur Zylinder I und II benutzt. Mit Ausnahme einiger Versuche in Verbundanordnung (Zylinder I als Niederdruckzylinder und Zylinder II) wurde die Luft jeweilig nur in einem Zylinder verdichtet.

Die Luft wird aus dem Versuchsraum angesaugt und gelangt nach Durchströmen der Luftuhr in das Druckausgleichgefäß. An dieses schließen sich die Saugleitungeu zu den einzelnen Zylindern an. Die bei einem Versuch nicht benutzte Saugleitung war unmittelbar am Druckausgleichgefäß abgeflanscht. Nach dem Verlassen des Zylinders gelangt die verdichtete Luft durch die Druckleitung in den Ausströmkessel und von da entweder durch den Regulierhahn *H* ins Freie, oder nach Schließen dieses Hahnes und Oeffnen des Ventiles *V* in die Meßkessel.

Die benutzte Luftuhr ist von S. Elster, Berlin, geliefert, für eine größte stündliche Luftmenge von 200 cbm bemessen, und nach Art der nassen Stationsgasmesser gebaut. An der dem Lufteingangstutzen gegenüberliegenden Stirnseite der Uhr ist das Zählwerk mit ständig kreisenden Zeigern angebracht. Die Einteilung des Zählwerkes gestattet Ablesungen bis auf 10 ltr.

Das Druckausgleichgefäß besteht im wesentlichen aus einem zylindrischen Kessel von 1200 mm innerem Durchmesser und 1400 mm Länge, in welchen drei Gummibeutel von 1000 mm Durchmesser eingehängt sind. Das Innnere

Fig. 2.

der Gummibeutel steht mit der Außenluft in Verbindung. Beim Sinken des Druckes im Druckausgleichgefäß unter den Druck der Atmosphäre (beim Ansaugen) blähen sich die Gummibeutel auf, vermindern dadurch den Inhalt des Gefäßes und verhüten einen zu starken Druckabfall im Innern. Durch Einschalten dieses Druckausgleiches wurde erreicht, daß die Schwankungen des Wasserspiegels in der Luftuhr sehr gering waren (etwa 10 mm), und daß demzufolge ein sehr gleichmäßiger Gang der Uhr gewährleistet wurde.

Der Antrieb des Kompressors erfolgt durch einen Elektromotor von 40 PS unter Benutzung einer kurzen Wellenleitung. Bei normaler Umlaufzahl des Elektromotors betragen die Umdrehungszahlen des Kompressors mit den vorhandenen Stufenscheiben rund 50, 75 und 100 in der Min.

Der in Fig. 5 bis 8 dargestellte Zylinder I ist mit einem geschlossenen Kühlmantel versehen. Die in den Zylinderdeckeln angeordneten Rundschieber steuern Beginn und Ende des Ansaugens und den Schluß des Ausschiebens zwangläufig. Ueber jedem Schieber befinden sich zwei leichte, federbelastete Plattenventile, welche sich bei entsprechendem Druck im Zylinder nach dem Druckraum öffnen, und das Ausschieben der verdichteten Luft gestatten. Der

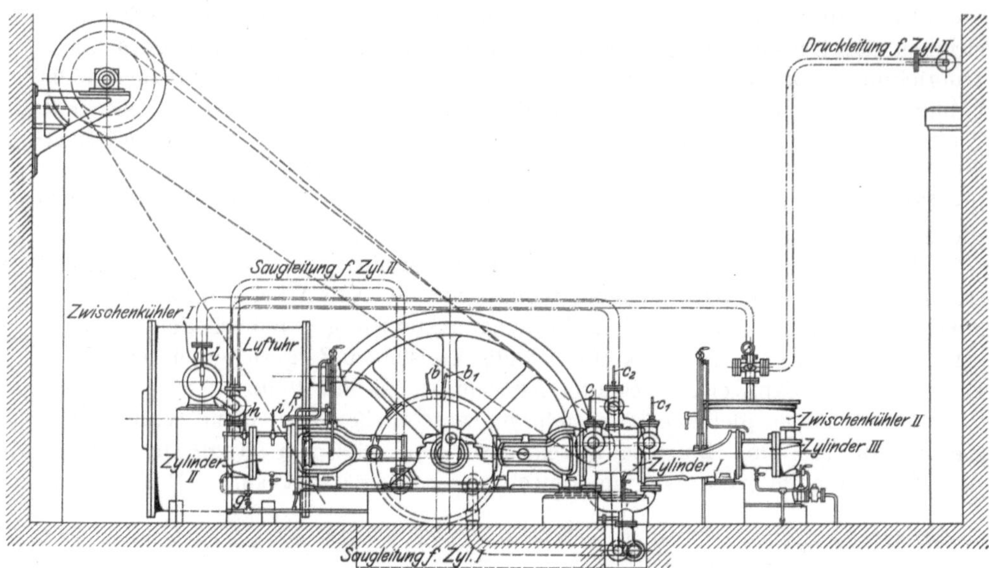

Fig. 3.

Zylinder und die Steuerung sind so eingerichtet, daß sowohl mit, als auch ohne
Druckausgleich gearbeitet werden kann. Bei Anwendung des Druckausgleiches
werden die sonst benutzten Drehschieber, Fig. 5, durch die in Fig. 10 dargestellten ersetzt und gleichzeitig der Voreilwinkel des Exzenters zum Antrieb
der Steuerung entsprechend geändert. Die Verbindung der beiden Zylinder-
seiten zum Zwecke des Druckausgleiches geschieht durch die Hohlräume der
Rundschieber, durch zwei kurze, in die Zylinderdeckel eingegossene Kanäle K,
Fig. 10 und 6, und ein an die Zylinderdeckel angeschlossenes Umführungsrohr,
welches in Fig. 1 zu erkennen ist.

Fig. 9 und 10 veranschaulichen die Wirkungsweise der Steuerung ohne
und mit Anwendung des Druckausgleiches. Die zu einander gehörigen Stel-
lungen der Kurbel und des Exzenters sind mit gleichen Ziffern bezeichnet.

Der Zylinder II, dessen Einzelheiten aus Fig. 12 bis 14 ersichtlich sind, hat
einen mit Wasserkühlung versehenen, in den Zylinder eingeschliffenen Tauch-
kolben. Der Kolben wird nach außen durch zwei Ledermanschetten und eine
Stoffbüchse abgedichtet. Die Kühlwasserzuführungen zum Zylindermantel und
Zylinderkopf sind von einander unabhängig. Das aus dem Kolben austretende
Kühlwasser wird durch ein Rohr R, Fig. 3, dem Kühlmantel zugeführt. Außerdem kann der Zylindermantel durch eine besondere Leitung mit Frischwasser
gekühlt werden. Bei den Verbundversuchen wurde der Zwischenkühler I benutzt.
Bei diesem Kühler wird das Kühlwasser durch 19 gerade Messingrohre von
28 mm innerem und 31 mm äußerem Durchmesser geleitet. Die Luft durch-
strömt den Raum zwischen den Messingröhren und dem Kühlermantel. Die Kühl-
fläche beträgt 3,90 qm, auf der Luftseite gemessen. Das Kühlwasser und die
zu kühlende Luft bewegen sich im Gegenstrom zu einander.

Zur Bestimmung der Temperatur der einströmenden Luft war vor dem
Eingangstutzen der Luftuhr ein Thermometer a, Fig. 4, aufgehängt. Außerdem
wurden die Lufttemperaturen beim Eintritt in den Zylinder und beim Austritt
aus demselben, kurz hinter den Druckventilen, gemessen.

Die Feuchtigkeit der angesaugten Luft wurde mittels eines trocknen und
eines angefeuchteten Thermometers, b, b_1 Fig, 3 und 4, welche in das Druckaus-

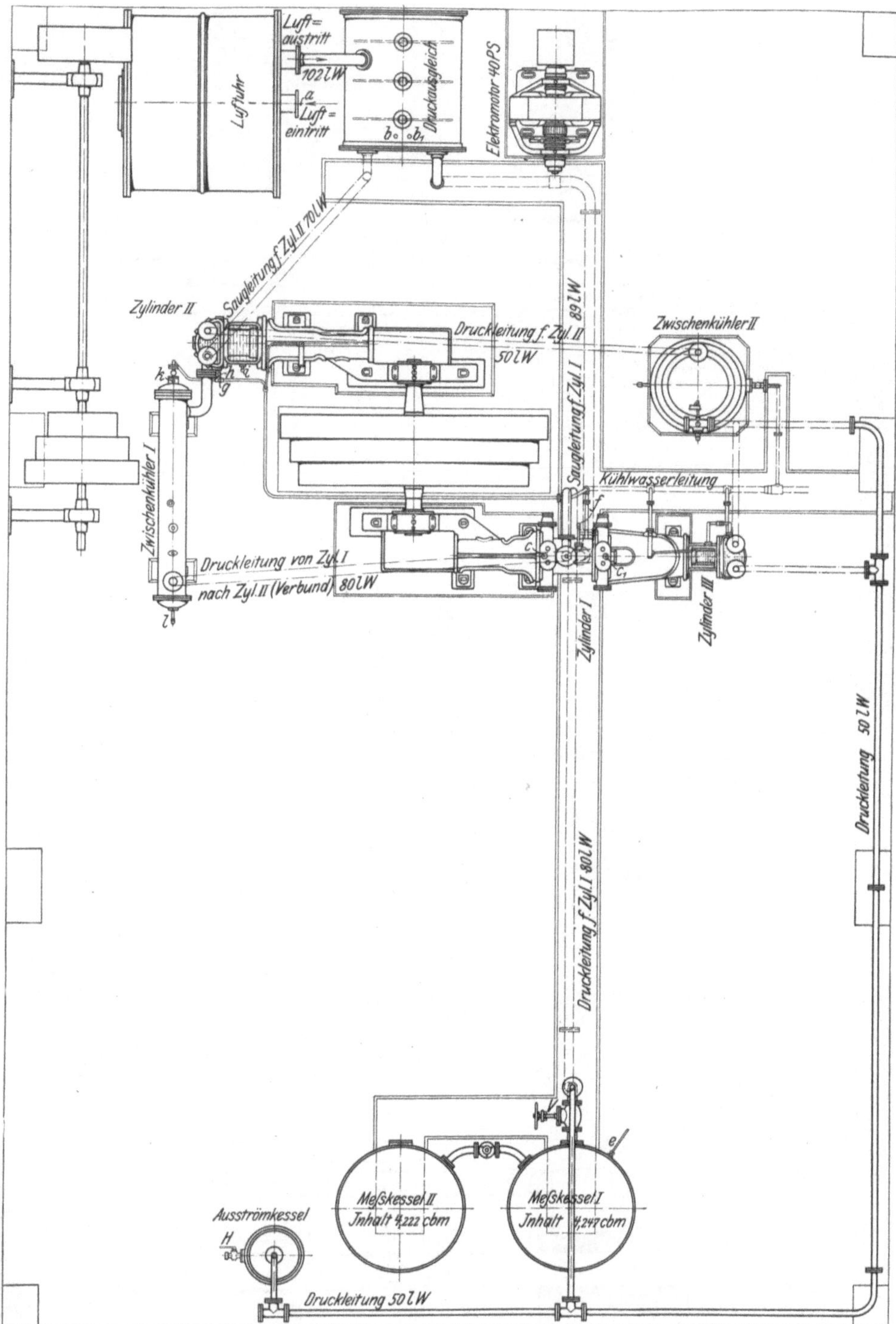

Fig. 4.

Fig. 3 und 4.   Versuchsanlage.

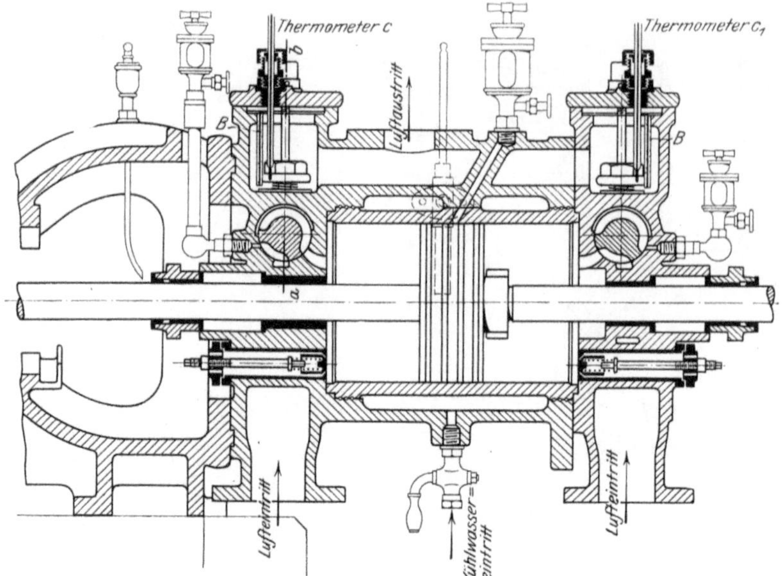

Fig. 5.

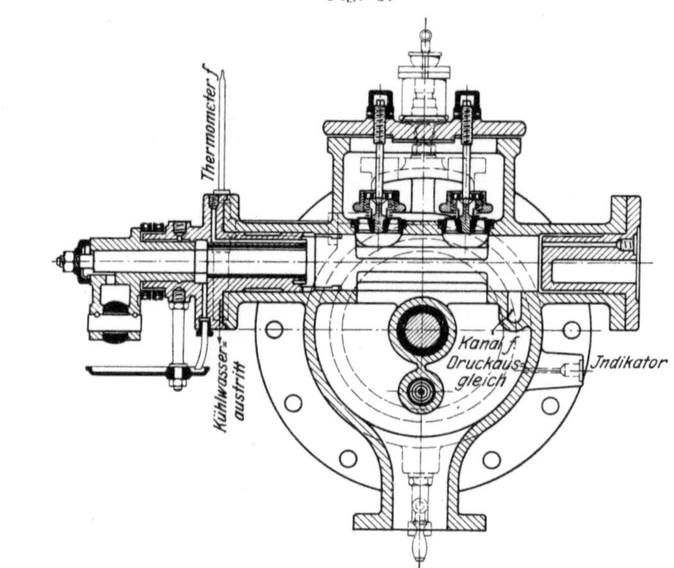

Fig. 6. Schnitt a—b.

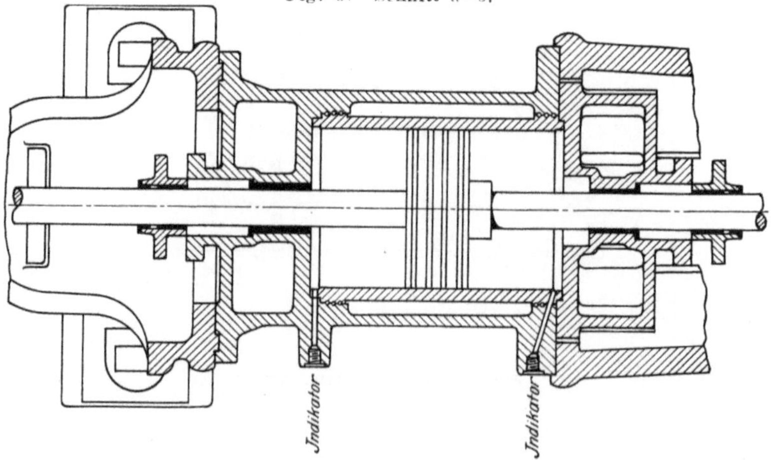

Fig. 7.
Fig. 5 bis 8. Zylinder I.

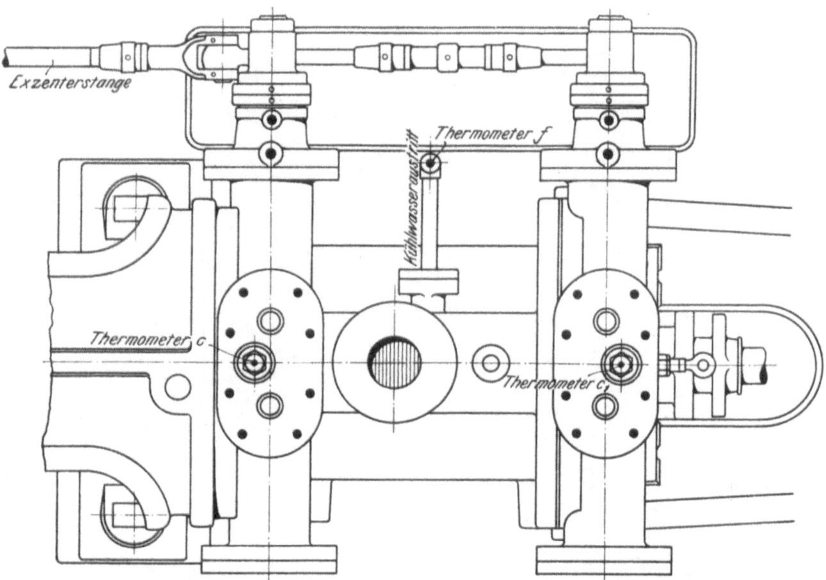

Fig. 8.

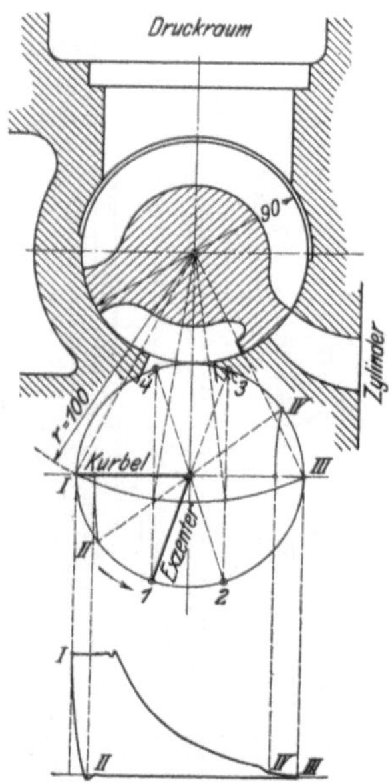

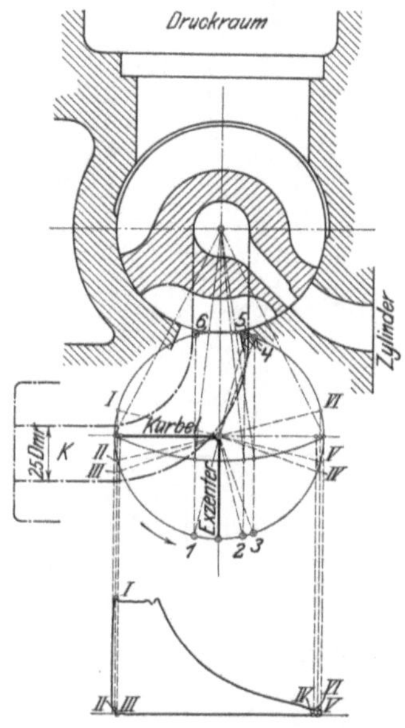

I Ende des Druckens,   II Beginn des Saugens,
                   III Ende des Saugens,
IV Eröffnung des Druckraumes.

Fig. 9.
Zylinder I (vorn) Steuerung ohne Druckausgleich.

I Beginn ⎫
II Ende ⎬ des Druckausgleiches,

III Beginn ⎫
IV Ende ⎬ des Saugens,

V Beginn ⎫
VI Ende ⎬ des Druckausgleiches,

II und V vom hinteren Schieber gesteuert

Fig. 10.
Zylinder I (vorn), Steuerung mit Druckausgleich.

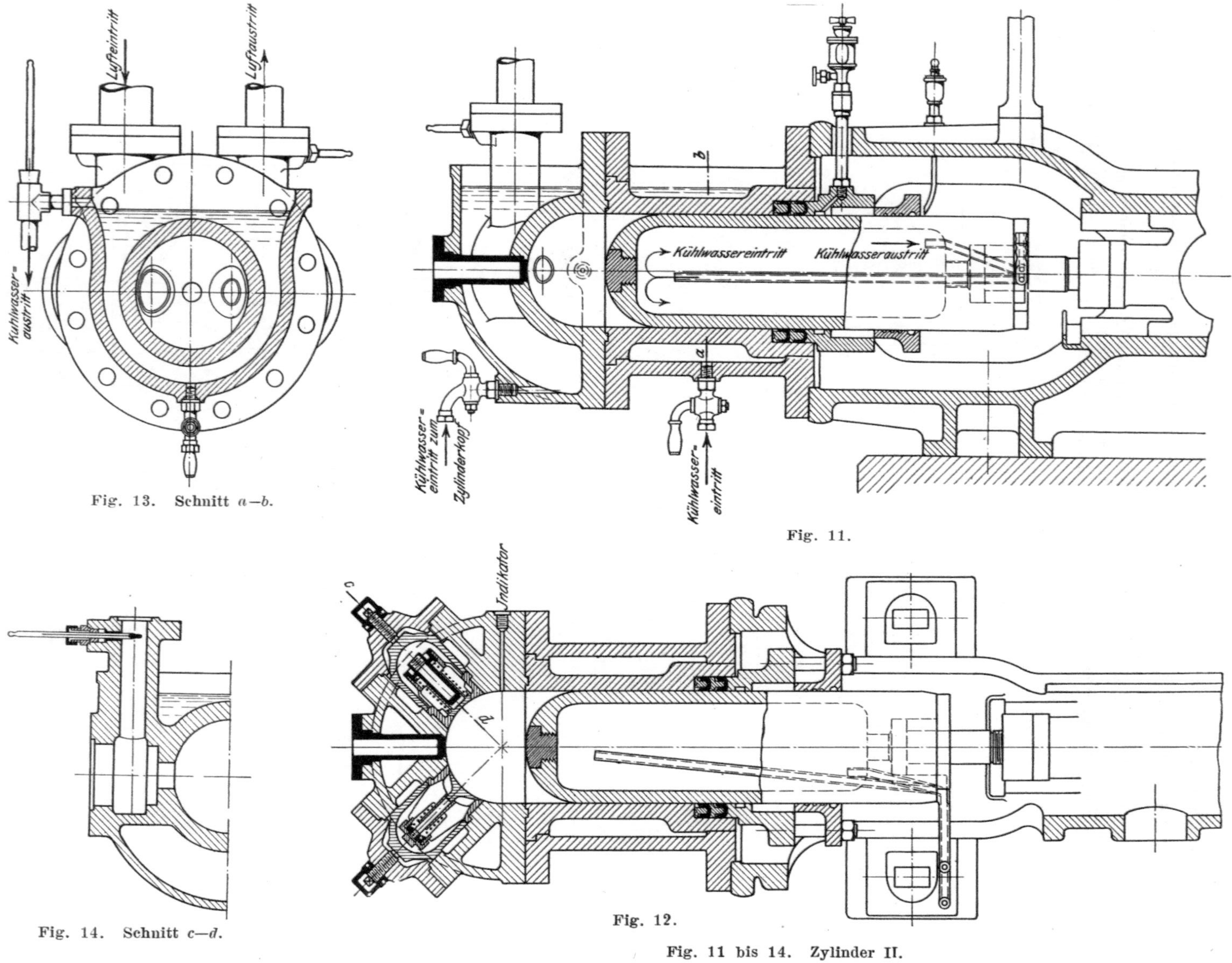

Fig. 13. Schnitt a—b.

Fig. 11.

Fig. 14. Schnitt c—d.

Fig. 12.

Fig. 11 bis 14. Zylinder II.

gleichgefäß eingesetzt waren, ermittelt. Das eine dieser Thermometer ließ sich in einfacher Weise dadurch dauernd feucht halten, daß die Thermometerkugel mit einem Stück Leinen umwickelt war, welches in ein kleines am Thermometer selbst befestigtes Gefäß mit Wasser eintauchte.

Alle Thermometer waren unmittelbar in den Luft- bezw. Wasserstrom eingesetzt und mittels Stopfbüchsen oder Gummistopfen abgedichtet, Fig. 5, 6, 13, 14. Es möge auch erwähnt werden, daß die an den Druckventilen des Zylinders I befindlichen Thermometer bei den Vorversuchen starke Schwankungen zeigten; die Temperatur sank zuweilen plötzlich um mehrere Grade und stieg nach einiger Zeit schnell wieder. Es lag die Vermutung nahe, daß Luftmengen, die sich bereits an den Wandungen stark abgekühlt hatten, zufällig am Thermometer vorbeiströmten und das Sinken der Temperatur verursachten. Deshalb wurden dünne, beiderseits mit Isoliermaterial belegte Bleche B, Fig. 5, an den Ventilgehäusedeckeln befestigt, um die Thermometer gegen die Wände des Druckraumes abzuschließen. Die erwähnten Temperaturschwankungen waren hiernach nicht mehr zu bemerken. Bei einer Anzahl von Versuchen mit dem Zylinder I war ein Thermometer c_2, Fig. 3, im Druckrohr eingesetzt, dessen Kugel sich ungefähr an der Stelle der wagerechten Abzweigung des Druckrohres befand. Der Unterschied der hinter den Druckventilen und im Druckrohr gemessenen Temperaturen läßt die rasche Abkühlung der Luft schon auf diesem kurzen Wege erkennen.

Die an beiden Zylindern gleiche Indiziervorrichtung ist aus Fig. 2 ersichtlich. Um die beiden mit runden Ausschnitten versehenen Rollen ist ein Stahlband von 0,2 mm Stärke und 10 mm Breite gelegt und am Umfange der einen Rolle mit Schräubchen befestigt, sodaß das Gleiten auf den Rollen verhindert wird. Eine an den Enden des Stahlbandes angebrachte Spannvorrichtung ermöglicht ein straffes Anziehen des Bandes. An einer Stelle liegt das Stahlband in einem wagerechten Schlitz des in den Kreuzkopfbolzen eingeschraubten Mit-

Zahlentafel 1.

Abmessungen der Zylinder.

	Zylinder I, doppeltwirkend		
1	Zylinderdurchmesser . . . . . , ...	mm	260,0
2	Kolbenhub	»	301,0
3	Kolbenstangendurchmesser (vorn [1]) und hinten gleich)	»	60,0
4	wirksame Kolbenfläche	qm	0,05027
5	Hubraum V	cbm	0,01513
6	schädlicher Raum zwischen Kolben und Rund- } vorn		1,85
	schiebern in vH des Hubraumes ε } hinten . . .		1,99
7	schädlicher Raum zwischen Rundschiebern } vorn		5,18
	und Ventilen in vH des Hubraumes ε_1 } hinten		5,39
8	schädlicher Raum des Druckausgleichkanales in vH des Hubraumes ε_2		9,65
	Zylinder II. einfachwirkend		
9	Zylinderdurchmesser	mm	220,0
10	Kolbenhub	»	300,5
11	wirksame Kolbenfläche	qm	0,03801
12	Hubraum V	cbm	0,01142
13	schädlicher Raum in vH des Hubraumes ε		0,50

[1]) Mit »vorn« ist die Kurbelseite bezeichnet.

nehmers und wird mit einer Druckschraube festgeklemmt. Die Bewegung des Kreuzkopfes wird so ohne Spiel auf die Rollen übertragen. Zur entsprechenden Hubverkleinerung liegt die Indikatorschnur auf einer kleineren Rolle, die mit der größeren Rolle fest verbunden ist.

Das abfließende Kühlwasser wurde durch Auffangen in geeichten Gefäßen gemessen.

In betriebswarmem Zustande wurden die Zylinderdurchmesser mittels Stichmaße, die schädlichen Räume durch Anfüllen mit Oel ermittelt. Die Abmessungen finden sich in Zahlentafel 1.

Gang der Versuche.

Mit jedem Versuche wurde erst dann begonnen, wenn möglichst Beharrungszustand eingetreten war, was sich nach dem Stand der Thermometer beurteilen ließ. Der Druck im Ausströmkessel wurde bis zum Eintritt des Beharrungszustandes und während der Versuchsdauer genau gleich gehalten. Die Umlaufzahl des Kompressors war sehr gleichmäßig, so daß nur selten am Ausströmhahn II reguliert zu werden brauchte. Sämtliche Temperaturen wurden in Zwischenräumen von 5 Minuten abgelesen. Der Stand der Luftuhr und des Hubzählers wurde von 10 zu 10 Minuten gleichzeitig beobachtet. Indikatordiagramme wurden ebenfalls alle 10 Minuten genommen. Bei sonst gleichen Verhältnissen wurde jedesmal ein Versuch mit sehr geringer, und ein Versuch mit sehr großer Kühlwassermenge durchgeführt.

Die Versuchsdauer betrug durchschnittlich 90 Minuten. Nur bei den Versuchen mit Zylinder I mit Druckausgleich mußte die Versuchsdauer bei den größten Kompressionsenddrücken und größter Umlaufzahl auf 50 Minuten gekürzt werden, da bei den hierbei auftretenden hohen Lufttemperaturen und den starken Flächenpressungen, unter denen die Rundschieber arbeiteten, ein Festfressen der Schieberflächen zu befürchten war.

Berichtigung der beobachteten Drücke und Temperaturen. Vergleichsmessungen der angesaugten Luftmengen.

Für die Messung der Drücke im Ausströmkessel und in den Meßkesseln stand ein Kontrollmanometer (Doppelröhrenfedermanometer) von Schäffer & Budenberg zur Verfügung. Die Einteilung des Manometers gestattete die Ablesung von hundertstel Atmosphären. Die außerdem verwendeten Manometer waren durch Vergleich mit diesem Kontrollmanometer geeicht worden, indem man sie mit dem Kontrollmanometer zusammen an einen Kessel mit Druckluft ansetzte und bis zum beabsichtigten Druck Luft ausströmen ließ.

Die Thermometer wurden durch Vergleich mit geeichten Normalthermometern im Flüssigkeitsbade geprüft. Die beiden zur Bestimmung der Luftfeuchtigkeit dienenden Thermometer im Druckausgleichgefäß waren in zehntel Grade geteilt. Beide Thermometer zeigten im Flüssigkeitsbade bei verschiedenen Temperaturen sehr genaue Uebereinstimmung.

Zur Eichung der Indikatorfedern wurde ein Apparat[1]) benutzt, der im wesentlichen aus einem mit Glyzerin gefüllten Zylinder besteht, an den der

---

[1]) Beschreibung und Handhabung des Apparates s. Verein deutscher Ingenieure, Forschungsarbeiten Heft 8.

Indikator angeschraubt wurde, und in welchem durch einen mit bekanntem Gewicht belasteten Kolben ein bestimmter Flüssigkeitsdruck erzeugt wird. In dieser Weise wurde für jede Feder für verschiedene Indikatorausschläge der Federmaßstab bestimmt. Bei Anwendung der ermittelten Federmaßstäbe auf die Diagramme selbst folgte Verfasser im wesentlichen einem von Schröter angegebenem Verfahren [1]), welches hier kurz beschrieben werden soll.

Bezeichnet F die unveränderliche, wirksame Kolbenfläche in qm, H den Hub des Kompressors in m, P den Druck im Zylinder in kg/qm bei irgend einer Kolbenstellung, so ist allgemein die Arbeit

$$L = F \int P\, dH \quad . \quad . \quad . \quad . \quad . \quad . \quad . \quad . \quad (1).$$

Mit Bezug auf Fig. 15 sei anderseits l_0 die Diagrammlänge, h die Diagrammhöhe, sowie m der Diagrammaßstab an der betrachteten Stelle, dann ist auch

$$L = F \frac{H}{l_0} \int \frac{h}{m}\, dl \quad . \quad . \quad . \quad . \quad . \quad . \quad . \quad (2).$$

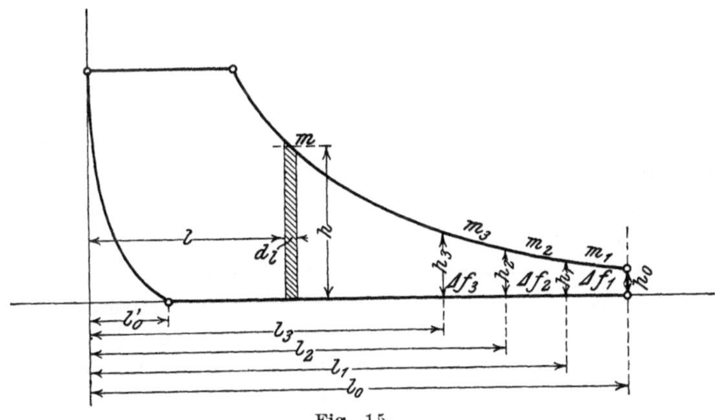

Fig. 15.

Wird das Diagramm durch Senkrechte in n Teile so zerlegt, daß für jeden Teil der Diagrammaßstab unveränderlich angenommen werden kann, so ist die Kompressionsarbeit

$$L_c = F \frac{H}{l_0} \left\{ \frac{\Delta f_1}{m_1} + \frac{\Delta f_2}{m_2} + \ldots + \frac{\Delta f_n}{m_n} \right\} = F \frac{H}{l_0} \Sigma\left(\frac{\Delta f}{m}\right) \quad . \quad . \quad . \quad (3),$$

wobei Δf_1, $\Delta f_2 \ldots$ die Flächen der einzelnen Teile bezeichnen. Entsprechend ist für die Expansionsarbeit

$$L_e = F \frac{H}{l_0} \left\{ \frac{\Delta f_1'}{m_1'} + \frac{\Delta f_2'}{m_2'} + \ldots + \frac{\Delta f_n'}{m_n'} \right\} = F \frac{H}{l_0} \Sigma\left(\frac{\Delta f'}{m'}\right) \quad . \quad . \quad . \quad (4).$$

Anderseits kann man auch setzen

$$L_c - L_e = F \frac{H}{l_0} \left\{ \frac{\Sigma(\Delta f) - \Sigma(\Delta f')}{\mathfrak{M}} \right\} \quad . \quad . \quad . \quad . \quad . \quad . \quad (5),$$

worin $\mathfrak{M}$ den Maßstab für das ganze Diagramm bedeutet. Aus Gl. (3), (4) und (5) folgt:

$$\mathfrak{M} = \frac{\Sigma(\Delta f) - \Sigma(\Delta f')}{\Sigma\left(\frac{\Delta f}{m}\right) - \Sigma\left(\frac{\Delta f'}{m'}\right)} \quad . \quad . \quad . \quad . \quad . \quad . \quad . \quad (6).$$

---

[1]) **Zeitschrift des Vereines deutscher Ingenieure 1897 S 845.**

Mit für die vorliegenden Zwecke genügender Genauigkeit können die Kurvenstücke in den einzelnen Diagrammteilen als gerade Linien angesehen werden. Macht man ferner

$$l_0 - l_1 = l_1 - l_2 = \ldots = \frac{l_0}{n}$$

und

$$l_0' - l_1' = l_1' - l_2' = \ldots = \frac{l_0'}{n'} \, ,$$

so erhält man durch bloße Längenmessung aus dem Diagramm

$$\Sigma(\varDelta f) = \frac{l_0}{n} \left\{ \frac{h_0}{2} + h_1 + h_2 + \ldots + \frac{h_n}{2} \right\}$$

und

$$\Sigma(\varDelta f') = \frac{l_0'}{n'} \left\{ \frac{h_0'}{2} + h_1' + h_2' + \ldots + \frac{h_n'}{2} \right\} \quad \ldots \ldots \quad (7),$$

sowie auch

$$\Sigma\left(\frac{\varDelta f}{m}\right) = \frac{l_0}{2n} \left\{ h_0 \frac{1}{m_1} + h_1 \left(\frac{1}{m_1} + \frac{1}{m_2} \right) + \ldots + h_n \frac{1}{m_n} \right\}$$

und

$$\Sigma\left(\frac{\varDelta f'}{m'}\right) = \frac{l_0'}{2n'} \left\{ h_0' \frac{1}{m_1'} + h_1' \left(\frac{1}{m_1'} + \frac{1}{m_2'} \right) + \ldots + h_n' \frac{1}{m_n'} \right\} \quad \ldots \quad (8).$$

Durch Einsetzen der Werte von Gl. (7) und Gl. (8) in Gl. (6) ergibt sich der Diagrammaßstab $\mathfrak{M}$. In dieser Weise wurde mit Benutzung der ermittelten Federmaßstäbe für ein mittleres Diagramm jedes Versuches der Diagrammaßstab bestimmt und die indizierte Arbeit berechnet. In den Zahlentafeln sind die ermittelten Diagrammaßstäbe und zum Vergleich die angeblichen Maßstäbe der Indikatorfedern angegeben.

Die für die Versuche verwendete Luftuhr war vor ihrer Aufstellung im Laboratorium entsprechend den Vorschriften für Stationsgasmesser einer behördlichen Eichung unterzogen worden[1]. Da seinerzeit eine genaue Nacheichung der Uhr nicht vorgenommen werden konnte, so wurden bei jedem Versuch zur Prüfung der Angaben der Uhr die vorhandenen Meßkessel, deren völlige Dichtheit wiederholt festgestellt wurde, mit Druckluft angefüllt. Dies geschah in der Weise, daß der Ausströmhahn H plötzlich geschlossen, zu gleicher Zeit der Stand der Luftuhr und des Hubzählers abgelesen, und das Ventil V während des Anfüllens der Kessel fortlaufend so eingestellt wurde, daß im Ausströmkessel sich der Druck nicht änderte. Bevor der Druck in den Meßkesseln denjenigen im Ausströmkessel erreichte, wurde wiederum unter gleichzeitigem Ablesen der Luftuhr und des Hubzählers das Ventil V schnell geschlossen und der Hahn H wieder soweit geöffnet, daß der Druck im Ausströmkessel auf der vorherigen Höhe blieb. Vor dem Aufpumpen der Meßkessel war ein Hahn an denselben geöffnet, sodaß in den Kesseln atmosphärischer Druck herrschte. Außerdem war ein Thermometer e, Fig. 4, eingesetzt, an dem die Temperatur in den Kesseln beobachtet werden konnte. Nach dem Aufpumpen wurde mit dem Ablesen des Druckes und der Temperatur etwa eine halbe Stunde gewartet, damit sich die Temperaturen im Innern der Kessel möglichst ausgleichen konnten.

Wie bereits erwähnt, wurde die Feuchtigkeit der vom Kompressor angesaugten Luft im Druckausgleichgefäß bestimmt. Sind t' und t'' die Temperaturen am trockenen bezw. am feuchten Thermometer, f' und f'' die größtmöglichen Luftfeuchtigkeiten für die Temperaturen t' und t'', sowie q' die relative

---

[1] Die Eichordnung für das deutsche Reich schreibt eine Genauigkeit dieser Gasmesser von ± 2 vH vor.

Feuchtigkeit der Luft im Druckausgleichgefäß (entsprechend der Temperatur t'), so erhält man q' aus der Beziehung[1])

$$q' = \frac{f'' - 0{,}64\,(t' - t'')}{f'} \quad . \quad . \quad . \quad . \quad . \quad . \quad (9).$$

Wirß anderseits feuchte Luft, deren Temperatur t' in ^{0} C, deren Druck p' in kg/qcm und deren relative Feuchtigkeit q' ist, auf die Temperatur t und den Druck p gebracht, und bezeichnet $\mathfrak{p}'$ bezw. $\mathfrak{p}$ den Druck des gesättigten Wasserdampfes in kg/qcm bei den Temperaturen t' und t, so kann für die vorliegenden Zwecke genügend genau der Teildruck des in der Luft enthaltenen Wasserdampfes gesetzt werden[2])

$$p_d' = q'\,\mathfrak{p}' \quad \text{und} \quad p_d = q\,\mathfrak{p} \quad . \quad . \quad . \quad . \quad . \quad . \quad (10).$$

Mit Benutzung der Zustandsgleichung für vollkommene Gase erhält man sonach die relative Feuchtigkeit φ beim Druck p und der Temperatur t zu

$$\varphi = \varphi'\,\frac{\mathfrak{p}'}{\mathfrak{p}}\,\frac{p}{p'} \quad . \quad . \quad . \quad . \quad . \quad . \quad . \quad (11).$$

Ist die vor der Luftuhr gemessene Temperatur t_0, der Druck p_0, so findet man hiernach die relative Feuchtigkeit der Luft vor der Luftuhr q_0 aus

$$q_0 = q'\,\frac{\mathfrak{p}'}{\mathfrak{p}_0}\,\frac{p_0}{p'} \quad . \quad . \quad . \quad . \quad . \quad . \quad (12).$$

Da bei den Versuchen der Druck im Druckausgleichgefäß nur um einige mm Wassersäule vom atmosphärischen Druck verschieden war, kann $p' = p_0$ gesetzt werden, und damit wird

$$q_0 = q'\,\frac{\mathfrak{p}'}{\mathfrak{p}_0} \quad . \quad . \quad . \quad . \quad . \quad . \quad (13)$$

Es sei ferner

V_g der Rauminhalt der Meßkessel in cbm,

p_a der Druck in kg/qcm,

t_a die Temperatur in ^{0} C,

T_a die absolute Temperatur und q_a die relative Feuchtigkeit in den Meßkesseln vor dem Anfüllen mit Druckluft,

p_e, t_e, T_e, q_e die entsprechenden Größen nach dem Anfüllen,

$\mathfrak{p}_a$, $\mathfrak{p}_e$, $\mathfrak{p}_0$ die zu den Temperaturen t_a, t_e, t_0 gehörigen Drücke des gesättigten Wasserdampfes in kg/qcm, endlich

V_k der Rauminhalt der vom Kompressor während des Anfüllens der Meßkessel angesaugten Luft vom Zustand vor der Luftuhr (p_0, t_0, q_0) in cbm.

Dann muß unter der Voraussetzung vollkommener Dichtheit des Kompressors, der Leitungen und der Meßkessel die gesamte in der angesaugten Luft enthaltene trockene Luft in die Meßkessel gefördert worden sein, d. h. es muß sein

$$V_k\,\frac{p_0 - q_0\,\mathfrak{p}_0}{T_0} = V_g\left(\frac{p_e - q_e\,\mathfrak{p}_e}{T_e} - \frac{p_a - q_a\,\mathfrak{p}_a}{T_a}\right),$$

oder nach Vereinfachung

$$V_k = V_g\,\frac{T_0}{T_e}\left\{\frac{p_e - q_e\,\mathfrak{p}_e}{p_a - q_a\,\mathfrak{p}_a} - \frac{T_e}{T_a}\right\}\frac{p_a - q_a\,\mathfrak{p}_a}{p_0 - q_0\,\mathfrak{p}_0} \quad . \quad . \quad . \quad . \quad . \quad (14).$$

---

[1]) Kohlrausch, Lehrb d prakt Physik, 9 Aufl. S. 177.

[2]) Zeuner, Techn Thermodynamik, 2. Aufl. Bd II S. 323.

Bei den Versuchen war immer der Druck in den Meßkesseln vor dem Anfüllen gleich dem atmosphärischen Druck, also $p_a = p_0$; ferner konnte angenommen werden, daß die in den Meßkesseln befindliche Luft mit Wasserdampf gesättigt sei ($q_a = 1$ und $\varphi_e = 1$). Damit ergibt sich aus Gl. (14)

$$V_k = V_q \frac{T_0}{T_e} \left\{ \frac{p_e - \mathfrak{p}_e}{p_0 - \mathfrak{p}_0} - \frac{T_e}{T_a} \right\} \frac{p_0 - \mathfrak{p}_a}{p_0 - q_0 \mathfrak{p}_0} \quad \cdot \quad \cdot \quad \cdot \quad \cdot \quad (15).$$

Wird die Luftfeuchtigkeit nicht berücksichtigt, so erhält man die vom Kompressor angesaugte Luftmenge zu

$$V_k' = V_g \left(\frac{p_e}{p_0} \frac{T_0}{T_e} - \frac{T_0}{T_a} \right) \quad \cdot \quad \cdot \quad \cdot \quad \cdot \quad \cdot \quad (16).$$

Die aus Gl. (15) und Gl. (16) ermittelten Werte der angesaugten Luftmenge, sowie die von der Luftuhr während des Anfüllens gemessene Luftmenge V_u sind in Zahlentafel 2 angegeben. In Fig. 16 sind die Unterschiede der aus dem Inhalt der Meßkessel ermittelten und der an der Luftuhr abgelesenen Luftmengen in vH der letzteren in Abhängigkeit von der stündlich angesaugten Luftmenge

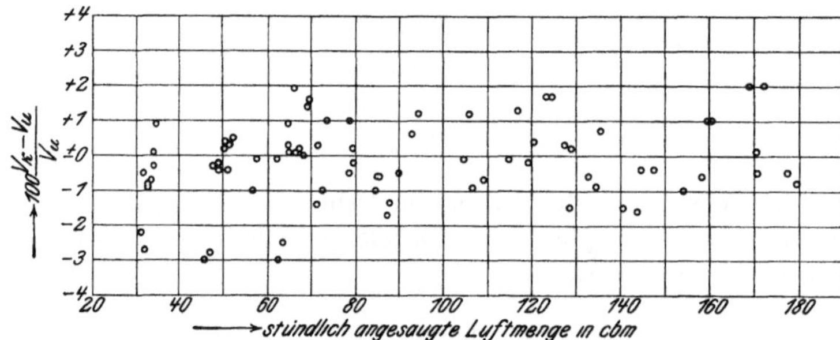

Fig. 16. Unterschiede der Luftmessung mittels der Luftuhr und der Meßkessel.

eingetragen. Auffallend sind die teilweise großen Abweichungen beider Messungen. Die in den Meßkesseln gegenüber den Uhrablesungen zu klein ermittelten Luftmengen könnten eine Erklärung in den nicht zu vermeidenden Undichtheiten der Zylinder und Leitungen finden, Ein anderer Grund für die Abweichungen der Messungen dürfte in der nicht genauen Kenntnis der mittleren Temperatur des Meßkesselinhaltes zu suchen sein. Da sich aus den Vergleichsmessungen Abweichungen der Luftuhrangaben nach einer Seite hin nicht erkennen lassen, Fig. 16, so ist für die weitere Verwertung der Versuchsergebnisse angenommen worden, daß die vom Kompressor wirklich angesaugte Luftmenge vom Druck p_b, der Temperatur t_0 und der relativen Feuchtigkeit φ_0 mit der an der Luftuhr abgelesenen übereinstimmt [1]).

Für einige der ersten Versuche, bei denen Luftfeuchtigkeit nicht ermittelt wurde, ist die Feuchtigkeit der Luft vor der Uhr mit 0,9 angenommen worden; in den Zahlentafeln sind diese Werte in [. . .] gesetzt.

Grundlagen zur Berechnung der Versuchsergebnisse.

In den nachstehenden Entwicklungen sind außer den früheren noch die folgenden Bezeichnungen gebraucht:

---

[1]) Hr. Dr.-Ing. Fritzsche hat später, bei anderer Aufstellung dieser Luftuhr, mehrfach genaue Eichungen derselben vorgenommen. Nach freundlichen Mitteilungen desselben betrug die von der durchgehenden Luftmenge nicht merkbar abhängige Konstante der Uhr 0,982 mit einer Genauigkeit von etwa $\pm$ 0,3 vH. Der veränderten Aufstellung wegen erschien die Benutzung dieser Konstanten für die Versuche des Verfassers nicht zulässig.

V Hubraum in cbm,

V_0 Volumen in cbm der vom Kompressor in der Stunde angesaugten Luftmenge vom Druck p_0, der Temperatur t_0 und der relativen Feuchtigkeit φ_0 vor der Luftuhr (Ansaugezustand),

G_0 Gewicht derselben in kg

p_c, t_c, φ_c Druck, Temperatur und relative Feuchtigkeit der Luft beim Eintritt in den Zylinder,

t_v Austrittstemperatur der Luft aus dem Zylinder (an den Druckventilen gemessen),

p kg/qcm Druck im Ausströmgefäß (Gegendruck),

p_0 kg/qcm atmosphärischer Druck,

p_i kg/qcm mittlerer indizierter Druck,

n Umlaufzahl des Kompressors i. d. min,

m Exponent für polytropische, $\varkappa$ für adiabatische Zustandsänderung.

Die Drücke in kg/qm und die absoluten Temperaturen sind mit den entsprechenden großen Buchstaben bezeichnet.

Volumetrischer Wirkungsgrad. Lieferungsgrad.

Bei den älteren Versuchen wurde unter Einführung des volumetrischen Wirkungsgrades die angesaugte Luftmenge allgemein aus dem Indikatordiagramm bestimmt. Am gebräuchlichsten ist die Bezeichnung des volumetrischen Wirkungsgrades als Verhältnis der nach dem Ansaugen im Zylinder befindlichen Luftmenge abzüglich der im schädlichen Raum vom vorhergehenden Hub enthaltenen Luftmenge, beide beim Ansaugedruck gemessen, zum Hubraum.

Mit Bezug auf Fig. 17 ist demnach der volumetrische Wirkungsgrad μ das Verhältnis der Strecken V' und V

$$\mu = \frac{V_7 - V_8}{V} = \frac{V'}{V} \qquad \ldots \ldots \ldots \quad (17).$$

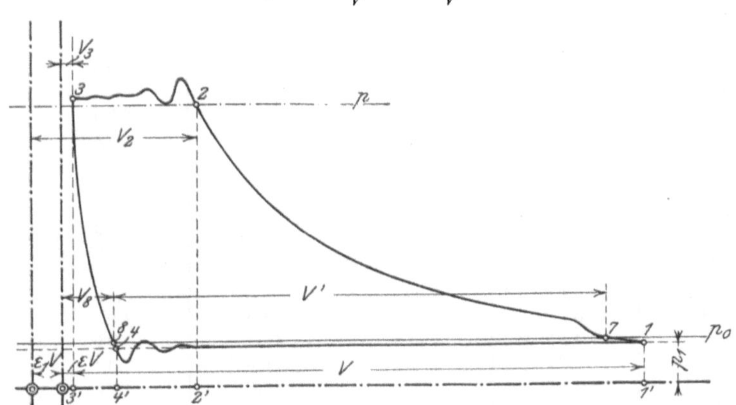

Fig. 17.

Es wurde dann angenommen, daß die z. B. von einem einfach wirkenden Kompressor in der Stunde angesaugte Luftmenge vom Druck p_0 und der Temperatur t_0

$$V_{st} = 60\, n\, V \mu$$

betrage.

Diese Luftmenge V_{st} ist aber nur dann mit der vom Kompressor tatsächlich angesaugten Luftmenge V_0 übereinstimmend, wenn im Punkt 7 des Diagramms die Temperatur

2

Zahlen-
Vergleichsmessungen der angesaugten Luft

Versuch Nr.	Anzahl der Kompressor-Umdrehungen während des Anfüllens der Meßkessel	relative Feuchtigkeit der Luft vor der Luftuhr φ_0	vor dem Füllen		nach dem Füllen	
			Druck p_a	Temperatur t_a	Druck p_e	Temperatur t_e
			der Luft in den Meßkesseln			
			kg/qcm	°C	kg/qcm	°C
50	419	0,96	1,023	20,9	2,36	21,9
51	438	0,96	»	21,4	2,45	22,3
48	757	1,02	»	20,8	3,38	22,4
49	759	0,98	»	20,7	3,40	22,5
46	1313	0,89	1,017	22,9	4,80	25,4
47	1343,5	0,83	»	25,9	4,91	28,0
44	2145,5	0,93	»	21,7	6,58	25,4
45	2168,5	0,85	»	23,5	6,74	28,2
26	423,5	0,90	1,011	22,0	2,38	22,9
27	402	0,88	»	22,0	2,35	23,4
24	715	0,95	1,012	20,8	3,27	22,7
25	716	0,92	»	21,5	3,29	23,2
22	1302	0,75	1,007	26,0	4,79	29,0
23	1281	0,74	»	27,2	4,80	29,4
20	2196	0,81	»	22,4	6,79	27,5
21	2130	0,78	»	24,9	6,66	28,6
18	428	0,89	1,017	21,7	2,41	23,2
19	428	0,83	»	22,5	2,42	23,7
16	745	0,88	1,016	22,9	3,39	24,6
17	743	0,86	»	23,7	3,38	25,0
12	1269,5	0,91	1,018	21,1	4,72	24,1
13	1249	0,81	»	22,5	4,69	25,4
14	2083	0,99	1,016	21,3	6,55	25,3
15	2096	0,92	»	22,3	6,63	26,1
40	1189,5	0,97	1,007	20,0	2,45	20,5
41	1191	0,98	»	20,0	2,49	20,5
38	1993,5	0,96	»	19,8	3,38	21,3
39	2002	0,99	»	20,0	3,45	20,9
36	3196	0,98	1,013	20,1	4,73	21,6
37	3153,5	0,98	»	20,6	4,79	22,1
1	3798,5	[0,90]	1,017	19,5	5,35	21,2
2	3771	[0,90]	1,019	20,5	5,45	22,2
42	4347,5	0,97	1,011	18,5	5,73	21,1
43	3475,5	0,92	»	19,2	8,72	22,8
34	1124	0,91	1,021	19,3	2,42	20,1
35	1056,5	0,88	»	19,6	2,36	20,4
32	1865,5	0,85	»	20,1	3,31	21,4
33	1866,5	0,84	»	21,5	3,36	22,5
30	3211,5	0,92	»	19,7	4,87	21,1
31	3073	0,89	»	19,5	4,79	21,1
28	4851	0,86	1,016	20,6	6,65	23,4
29	4863	0,87	»	20,8	6,77	23,2
78	7086	1,01	1,007	18,9	8,76	21,3
79	6867	0,98	»	17,7	8,70	21,0
10	1076,5	0,88	1,014	23,0	2,37	23,5
11	1074,5	0,87	»	22,6	2,39	23,3
8	1918,5	0,94	»	22,4	3,39	23,4
9	1919,5	0,95	»	22,2	3,41	23,3
6	3166	[0,90]	1,016	20,7	4,84	22,6
7	3178	[0,90]	»	22,0	4,94	24,0
4	5042	[0,90]	1,019	19,5	6,93	22,0
5	4802	[0,90]	1,017	21,0	6,76	23,3
76	6869	1,02	0,998	18,5	8,54	21,1
77	6784	0,93	»	18,2	8,64	22,1

Tafel 2.
mit den Meßkesseln und der Luftuhr.

| angesaugte Luftmenge in cbm | | | Unterschied beider Messungen $100 \dfrac{V_k - V_u}{V_u}$ in vH der Uhrablesung |
| aus den Meßkesseln ermittelt | | nach der Luftuhrablesung V_u | |
ohne Berücksichtigung der Luftfeuchtigkeit $V_k{}'$	mit Berücksichtigung der Luftfeuchtigkeit V_k		
10,98	11,23	11,34	— 1,0
11,72	11,98	12,04	— 0,5
19,29	19,78	19,90	— 0,6
19,51	19,92	20,03	— 0,6
31,19	31,88	31,85	+ 0,1
31,95	32,66	32,59	+ 0,2
45,59	46,74	47,38	— 1,4
46,77	47,85	48,32	— 1,0
11,47	11,68	11,78	— 0,9
11,10	11,38	11,30	+ 0,7
18,75	19,21	19,15	+ 0,3
18,96	19,38	19,35	+ 0,2
31,42	32,12	32,20	— 0,2
31,54	32,30	32,18	+ 0,4
47,98	49,06	49,49	— 0,9
46,81	47,92	48,28	— 0,7
11,55	11,78	11,84	— 0,5
11,66	11,88	11,97	— 0,8
19,55	20,01	20,11	— 0,5
19,45	19,92	19,91	+ 0,1
30,46	31,12	31,43	— 1,0
30,26	30,91	31,10	— 0,6
45,30	46,38	47,09	— 1,5
46,00	47,08	47,85	— 1,6
12,15	12,44	12,48	— 0,3
12,37	12,78	12,67	+ 0,9
19,92	20,36	20,50	— 0,7
20,54	21,02	20,99	+ 0,1
30,98	31,77	32,02	— 0,8
31,47	32,27	32,38	— 0,3
35,95	36,75	36,94	— 0,5
36,68	37,49	37,84	— 0,9
39,36	40,40	41,32	— 2,2
32,23	32,98	33,89	— 2,7
11,60	11,88	11,93	— 0,4
11,09	11,36	11,30	+ 0,5
19,01	19,39	19,31	+ 0,4
19,37	19,78	19,73	+ 0,3
31,91	32,60	32,72	— 0,4
31,22	31,93	31,88	+ 0,2
46,70	47,79	47,92	— 0,3
47,76	48,87	48,99	— 0,2
64,61	66,05	68,08	— 3,0
64,24	65,69	67,55	— 2,8
11.34	11,63	11,47	+ 1,4
11,51	11,81	11,62	+ 1,6
19,83	20,30	20,26	+ 0,2
19,99	20,47	20,47	± 0
31,90	32,68	32,38	+ 0,9
32,77	33,65	33,01	+ 1,9
48,98	50,10	50,16	— 0,1
47,71	48,91	48,84	+ 0,1
63,56	65,11	67,10	— 3,0
64,46	65,98	67,67	— 2,5

Zahlentafel 2.

Versuch Nr.	Anzahl der Kompressor-Umdrehungen während des Anfüllens der Meßkessel	relative Feuchtigkeit der Luft vor der Luftuhr φ_0	vor dem Füllen		nach dem Füllen	
			Druck p_a	Temperatur t_a	Druck p_e	Temperatur t_e
			der Luft in den Meßkesseln			
			kg/qcm	°C	kg/qcm	°C
54	507	0,87	1,020	21,3	2,46	22,5
55	494	0,79	»	22,6	2,43	23,8
52	889	0,87	»	20,6	3,36	22,4
53	874	0,83	»	22,2	3,37	23,9
58	1588,5	0,81	1,019	23,9	4,76	26,0
59	1568	0,85	»	23,9	4,80	26,1
56	2707	0,93	»	20,4	6,59	23,8
57	2712	0,81	»	21,8	6,67	26,1
66	406	0,72	1,027	26,7	2,28	28,1
67	406	0,71	»	27,8	2,29	29,1
64	798	0,83	»	23,6	3,31	25,8
65	807	0,77	»	24,9	3,38	27,1
62	1438	0,77	1,023	23,3	4,77	26,5
63	1448	0,71	»	25,1	4,84	28,5
60	2413	0,72	1,025	23,2	6,66	28,4
61	2413	0,68	»	26,2	6,72	30,7
70	433	0 68	1,016	27,5	2,37	28,9
71	437	0,65	»	28,0	2,40	29,5
68	777	0,79	»	24,7	3,32	27,1
69	753	0,73	»	26,1	3,26	28,3
74	1323	0,81	»	25,2	4,63	27,6
75	1322	0,79	»	24,8	4,67	27,7
72	2309	0,92	»	21,1	6,62	26,2
73	2218	0,86	»	23,7	6,53	28,4
80	1826,5	0,94	1,022	16,3	6,79	18,5
81	1799	0,93	»	16,0	6,77	18,7

$$T_7 = \frac{V' + V_8}{\dfrac{V'}{T_0} + \dfrac{V_8}{T_8}},$$

oder

$$T_7 = \frac{G_0 T_0 + G_8 T_8}{G_0 + G_8} \quad . \quad . \quad . \quad . \quad . \quad . \quad (18)$$

ist, d. h. wenn T_7 die Mischungstemperatur der Luftmenge in Punkt 8 (Restluft) und der angesaugten Luftmenge (Frischluft) ist. Der Druck im Punkt 3 ist günstigsten Falles gleich demjenigen im Luftkessel. Dann beträgt der größtmögliche volumetrische Wirkungsgrad für isothermische Expansion aus dem schädlichen Raum

$$\mu_{is} = 1 + \varepsilon \left(1 - \frac{p}{p_0} \right) \quad . \quad . \quad . \quad . \quad . \quad (17a)$$

und für adiabatische Expansion aus dem schädlichen Raum

$$\mu_{ad} = 1 + \varepsilon \left[1 - \left(\frac{p}{p_0} \right)^{\frac{1}{\varkappa}} \right] \quad . \quad . \quad . \quad . \quad (17b).$$

Da bei Kompressoren, ähnlich wie bei anderen Kolbenmaschinen, ein Wärmeaustausch zwischen den Wandungen und dem Zylinderinhalt während des Ansaugens stattfindet, so wird nur in besonderen Fällen die wirklich ange-

Fortsetzung.

| angesaugte Luftmenge in cbm | | | Unterschied beider Messungen $100\,\dfrac{V_k - V_u}{V_u}$ in vH der Uhrablesung |
| aus den Meßkesseln ermittelt | | nach der Luftuhrablesung V_u | |
ohne Berücksichtigung der Luftfeuchtigkeit $V_h{}'$	mit Berücksichtigung der Luftfeuchtigkeit V_k		
11,87	12,18	12,12	+ 0,5
11,69	11,93	11,95	— 0,2
19,35	19,79	19,73	+ 0,3
19,36	19,83	19,64	+ 1,0
30,85	31,46	31,38	+ 0,3
31,13	31,83	31,80	+ 0,1
45,77	46,79	47,25	— 1,0
46,48	47,54	47,61	— 0,1
10,27	10,51	10,33	+ 1,7
10,29	10,57	10,39	+ 1,7
18,72	19,14	19,16	— 0,1
19,26	19,74	19,49	+ 1,3
30,76	31,48	31.50	— 0,1
31,33	32,07	31,70	+ 1,2
45,99	47,06	46,79	+ 0,6
46,32	47,39	46,83	+ 1,2
11,24	11,50	11,28	+ 2,0
11,49	11,73	11,50	+ 2,0
19,04	19,53	19,34	+ 1,0
18,59	19,03	18,84	+ 1,0
29,65	30,32	30,43	— 0,4
30,01	30,65	30,76	— 0,4
45,92	47,01	47,72	— 1,5
45,03	46,09	46,37	— 0,6
47,71	48,58	49,43	— 1,7
47,58	48,43	49,10	— 1,4

saugte Luftmenge mit der unter Zugrundelegung des volumetrischen Wirkungsgrades ermittelten übereinstimmen.

Für den Zylinder I (ohne Druckausgleich) und Zylinder II kann die Größe
V' ohne weiteres aus dem Diagramm entnommen werden. Bei dem Zylinder I
(mit Druckausgleich) bedarf es für den volumetrischen Wirkungsgrad einer
weiteren Festsetzung. In Fig. 18 bezeichne: 3 Beginn, 6 Ende des Druckaus-

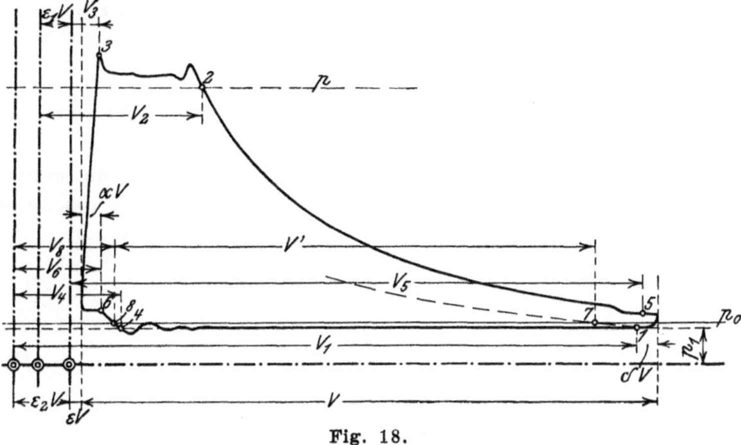

Fig. 18.

gleiches und Beginn der Expansion, sowie 1 Ende des Ansaugens. Der Inhalt des Druckausgleichkanales sei $\varepsilon_2 V$. Der vom Kolben beschriebene Raum vom vorderen Totpunkte bis zum Ende des Druckausgleiches sei αV, vom Ende des Saugens bis zum hinteren Totpunkte δV. Von 1 aus könnte die Kompression unmittelbar erfolgen, wobei sich Punkt 7 als Schnittpunkt der Kompressionslinie mit der Ansaugedrucklinie ergeben würde. Dann stellt die Strecke 6, 7 die Größe V' dar. Unter Annahme isothermischer Kompression von 1 nach 7 erhält man

$$p_1 \left[(1 + \varepsilon) V - \delta V\right] = (V' + V_8 - \varepsilon_2 V)\, p_0$$

und, da

$$V_6 = V (\varepsilon + \varepsilon_2 + \alpha)$$

ist, wird

$$\frac{p_1}{p_0} (1 + \varepsilon - \delta) V = V' + V_8 - \varepsilon_2 V,$$

woraus

$$V' = \frac{p_1}{p_0} (1 + \varepsilon - \delta) V - V_8 + \varepsilon_2 V \quad . \quad . \quad . \quad . \quad . \quad (19)$$

folgt.

Das Volumen V_8 läßt sich meistens aus dem Diagramm nicht bestimmen, da durch den plötzlichen Druckabfall während des Druckausgleiches Indikatorschwingungen auftreten. Es ist deshalb nötig, für die Expansion 6 bis 8 ein bestimmtes Gesetz anzunehmen.

Unter der Voraussetzung, daß die Expansion 6 bis 8 isothermisch erfolgt, erhält man

$$V_8 = \frac{p_6}{p_0} (\varepsilon + \varepsilon_2 + \alpha) V$$

und

$$V' = V \left[\frac{p_1}{p_0} (1 + \varepsilon - \delta) - \frac{p_6}{p_0} (\varepsilon + \varepsilon_2 + \alpha) + \varepsilon_2\right].$$

Der volumetrische Wirkungsgrad ist dann

$$\mu_{is} = \frac{V'}{V} = \frac{p_1}{p_0} (1 + \varepsilon - \delta) - \frac{p_6}{p_0} (\varepsilon + \varepsilon_2 + \alpha) + \varepsilon_2 \quad . \quad . \quad . \quad (20).$$

Für adiabatische Expansion 6 bis 8 ergibt sich

$$V_8 = \left(\frac{p_6}{p_0}\right)^{\frac{1}{\varkappa}} (\varepsilon + \varepsilon_2 + \alpha) V,$$

$$V' = V \left[\frac{p_1}{p_0} (1 + \varepsilon - \delta) - \left(\frac{p_6}{p_0}\right)^{\frac{1}{\varkappa}} (\varepsilon + \varepsilon_2 + \alpha) + \varepsilon_2\right]$$

und

$$\mu_{ad} = \frac{p_1}{p_0} (1 + \varepsilon - \delta) - \left(\frac{p_6}{p_0}\right)^{\frac{1}{\varkappa}} (\varepsilon + \varepsilon_2 + \alpha) + \varepsilon_2 \quad . \quad . \quad . \quad . \quad (21).$$

Die Größen α und δ können aus dem Indikatordiagramm bezw. aus den Abmessungen der Steuerung ermittelt werden. Ist, wie bei den vorliegenden Versuchen, $p_1 = p_0$, so erhält man

$$\mu_{is} = 1 - (\alpha + \delta) - \left(\frac{p_6}{p_0} - 1\right) (\varepsilon + \varepsilon + \alpha) \quad . \quad . \quad . \quad . \quad (22)$$

und

$$\mu_{ad} = 1 - (\alpha + \delta) - \left[\left(\frac{p_6}{p_0}\right)^{\frac{1}{\varkappa}} - 1\right] (\varepsilon + \varepsilon_2 + \alpha) \quad . \quad . \quad . \quad . \quad (23).$$

Die von v. Ihering[1]) angegebenen Werte für den volumetrischen Wirkungsgrad für Kompressoren mit Druckausgleich sind mit den vorstehend gebrauchten Bezeichnungen:

$$\mu_{is} = 1 - \varepsilon \left(\frac{p_6}{p_0} - 1 \right) \quad \ldots \ldots \ldots \quad (24)$$

und

$$\mu_{ad} = 1 - \varepsilon \left[\left(\frac{p_6}{p_0} \right)^{\frac{1}{\varkappa}} - 1 \right] \quad \ldots \ldots \ldots \quad (25).$$

Die Unterschiede von Gl. (22), (23) und (24), (25) erklären sich daraus, daß bei Entwicklung der Beziehungen Gl. (24), (25) vorausgesetzt wird, daß der Kolben während des Druckausgleiches keinen Weg zurücklegt, und daß die Expansion nach dem Druckausgleich nur aus dem schädlichen Raume zwischen Kolben und Abschlußorgan (Rundschieber, Druckventil) erfolgt. Diese Voraussetzungen treffen bei dem Versuchskompressor nicht zu.

Während der volumetrische Wirkungsgrad nur zum Vergleich mit den tatsächlich angesaugten Luftmengen herangezogen ist, soll als Maßstab für die Volumenlieferung des Kompressors das Verhältnis der vom Kompressor stündlich angesaugten Luftmenge vom Ausaugezustand zum stündlichen Saughubraum eingeführt und dieses Verhältnis als »Lieferungsgrad« bezeichnet werden[2]).

Als Ansaugezustand ist der Zustand der Luft vor der Luftuhr angenommen, sodaß für einen einfachwirkenden Kompressor der Lieferungsgrad

$$\lambda = \frac{V_0}{60\, n\, V} \quad \ldots \ldots \ldots \ldots \quad (26)$$

ist.

Sind die Drücke und Temperaturen am Anfang der Saugleitung und kurz vor dem Zylinder sehr voneinander verschieden, so kann es sich empfehlen, als Ansaugezustand der Luft denjenigen vor dem Zylinder anzunehmen. In diesem Falle würde man erhalten

$$\lambda = \frac{V_0}{60\, n\, V} \frac{p_0}{p_c} \frac{T_c}{T_0}, \text{ wenn } \varphi_c \leqq 1 \text{ ist } \ldots \ldots \quad (27)$$

und

$$\lambda = \frac{V_0}{60\, n\, V} \frac{p_0 - \varphi_0 p_0}{p_c - \mathfrak{p}_c} \frac{T_c}{T_0}, \text{ wenn sich } \varphi_c > 1 \quad \ldots \ldots \quad (28)$$

ergibt. Bei doppeltwirkenden Kompressoren steht im Nenner der obigen Ausdrücke für λ $120\, n\, V$ statt $60\, n\, V$.

Werden für Verbundkompression (Zylinder I doppeltwirkend, Zwischenkühler I, Zylinder II einfachwirkend) die Größen für Zylinder I mit $_I$, für Zylinder II mit $_{II}$ bezeichnet, und ist beim Eintritt in den Zylinder II der Druck p_z, die Temperatur t_z, die relative Feuchtigkeit der Luft φ_z, so ist die stündliche Luftmenge V_z, die der Zylinder II ansaugt,

$$V_z = V_0 \frac{p_0}{p_z} \frac{T_z}{T_0} \text{ für } \varphi_z \leqq 1 \quad \ldots \ldots \ldots \quad (29)$$

und

$$V_z = V_0 \frac{p_0 - \varphi_0 p_0}{p_z - \mathfrak{p}_z} \frac{T_z}{T_0} \text{ für } \varphi_z > 1 \quad \ldots \ldots \quad (30)$$

---

[1]) A. v. Ihering, Die Gebläse, 2. Aufl. S 569 ff.

[2]) Dieses Verhältnis bezeichnet Köster, Zeitschrift des Vereines deutscher Ingenieure 1904 S. 116, als Liefergrad, Lebrecht, desgl 1905 S. 255, und Richter, Forschungsarbeiten, Heft 32 S. 23, als volumetrischen Wirkungsgrad; s. a. des Ingenieurs Taschenbuch »Hütte«, 19. Aufl. S 302 ff.

und der Lieferungsgrad für den Zylinder II ist dann

$$\lambda_{II} = \frac{V_z}{60\,n\,V_{II}} \qquad \ldots \ldots \ldots \quad (31).$$

Da anderseits der Lieferungsgrad für den Zylinder I

$$\lambda_I = \frac{V_0}{120\,n\,V}$$

beträgt, so ergibt sich auch

$$\lambda_{II} = 2\,\lambda_I\,\frac{V_I}{V_{II}}\,\frac{p_0}{p_z}\,\frac{T_z}{T_0} \quad \text{für} \quad \varphi_z \leqq 1 \quad \ldots \ldots \quad (32)$$

und

$$\lambda_{II} = 2\,\lambda_I\,\frac{V_I}{V_{II}}\,\frac{p_0 - q_0\,p_0}{p_z - p_z}\,\frac{T_z}{T_0} \quad \text{für} \quad \varphi_z > 1 \quad \ldots \ldots \quad (33).$$

Die Rückexpansion aus dem schädlichen Raume, Drosselwirkungen beim Ansaugen und Wärmeaufnahme der angesaugten Luft beeinflussen den Lieferungsgrad in ungünstigem Sinne. Der Unterschied zwischen dem volumetrischen Wirkungsgrad und dem Lieferungsgrad wird im wesentlichen durch die Wirkung der Zylinderwandungen bedingt.

Der indizierte Wirkungsgrad.

Die verdichtete Luft verläßt den Kompressorzylinder mit einer Temperatur t_z, die im allgemeinen beträchtlich höher ist als die Ansaugetemperatur t_0. Da die Luft jedoch mehr oder weniger lange Leitungen bis zur Verbrauchstelle durchströmen muß, so wird die Temperatur an der Verbrauchstelle, also z. B. beim Eintritt in einen Druckluftmotor, geringer sein als beim Austritt aus dem Kompressor.

Zur Bestimmung des Wirkungsgrades des Kompressors ist es nun jedenfalls zweckmäßig, die aus der verdichteten Luft wiedergewinnbare Arbeit in Vergleich zu stellen mit der zur Kompression aufgewendeten Arbeit, oder, wenn der Temperaturverlust in der Leitung gleich auf Kosten des Kompressors gesetzt wird, die aus der Luft an der Verbrauchstelle gewinnbare Arbeit mit der indizierten Kompressorarbeit zu vergleichen.

Ist die Lufttemperatur an der Verbrauchsstelle t_n, der Druck p, so erhält man die größte aus $\lambda V n\,60$ cbm Luft vom Ansaugezustand $(p_1,\,t_0)$ gewinnbare Arbeit, wenn die Luft auf umkehrbarem Wege, also etwa durch polytropische Expansion, auf den Druck (p_0) und die Temperatur (t_0) der Umgebung gebracht wird. Diese höchstens zu gewinnen mögliche Arbeit beträgt

$$L_n = 10\,000\,\lambda V n\,60\,\frac{m}{m-1}\,p_0\left(\frac{T_n}{T_0} - 1\right)\text{mkg},$$

oder da

$$\frac{T_n}{T_0} = \left(\frac{p}{p_0}\right)^{\frac{m-1}{m}}$$

und somit

$$\frac{m}{m-1} = \frac{\ln\dfrac{p}{p_0}}{\ln\dfrac{T_n}{T_0}}$$

sein muß, wird

$$L_n = 10\,000\,\lambda V n\,60\,p_0\,\ln\frac{p}{p_0}\,\frac{T_n - T_0}{T_0\,\ln\dfrac{T_n}{T_0}} \qquad \ldots \ldots \quad (34).$$

Ist in der Leitung keine Abkühlung vorhanden, oder kann die Luft unmittelbar am Kompressor verwendet werden, so ist in Gl. (34) für T_n die Temperatur T_v beim Austritt aus dem Kompressor zu setzen, und die gewinnbare Arbeit ist dann

$$L_i = 10\,000\,\lambda V n\,60\,p_0 \ln \frac{p}{p_0}\,\frac{T_v - T_0}{T_0 \ln \frac{T_v}{T_0}} \qquad \ldots \ldots \quad (35).$$

In den meisten Fällen wird die verdichtete Luft nach Verlassen des Kompressors in einen Sammelbehälter geleitet und von da den einzelnen Verbrauchstellen zugeführt, wo sie annähernd mit der Ansaugetemperatur t_0 ankommt. Es kann also von vornherein Abkühlung der Luft in der Leitung bis auf die Ansaugetemperatur angenommen werden, und die höchstens gewinnbare Arbeit ist dann

$$L = 10\,000\,\lambda V n\,60\,p_i \ln \frac{p}{p_0} \qquad \ldots \ldots \ldots \quad (36).$$

Unter Zugrundelegung dieser Verhältnisse und mit der Beachtung, daß die zur Kompression der $\lambda V n\,60$ cbm Luft im Kompressor aufgewendete indizierte Arbeit

$$L_i = 10\,000\,V n\,60\,p_i \;\text{mkg} \qquad \ldots \ldots \ldots \quad (37)$$

beträgt, soll das Verhältnis der durch verlustfreie isothermische Expansion vom Gegendruck auf den Ansaugedruck aus der stündlich angesaugten Luftmenge gewinnbaren Arbeit zur indizierten Kompressorarbeit in der Stunde als »indizierter Wirkungsgrad« η_i bezeichnet werden.

Es ist

$$\eta_i = \frac{L}{L_i} = \lambda\,\frac{p_0}{p_i}\,\ln \frac{p}{p_0},$$

und wenn

$$p_m = p_0 \ln \frac{p}{p_0}$$

gesetzt wird,

$$\eta_i = \lambda\,\frac{p_m}{p_i} \qquad \ldots \ldots \ldots \ldots \quad (38).$$

Ferner sei das Verhältnis von L_v zu L_i als »Wirkungsgrad ohne Leitungsverlust« η_v bezeichnet, womit man hat:

$$\eta_v = \frac{L_i}{L_i} = \lambda\,\frac{p_0}{p_i}\,\ln \frac{p}{p_0}\,\frac{T_v - T_0}{T_0 \ln \frac{T_i}{T_0}} = \eta_i\,\frac{T_i - T_0}{T_0 \ln \frac{T_i}{T_0}} \qquad \ldots \ldots \quad (39).$$

Lebrecht[1] vergleicht die indizierte Kompressorarbeit mit der Arbeit zur verlustfreien adiabatischen Kompression vom Druck p_0 und der Temperatur t_0 auf den Gegendruck p und nennt das Verhältnis beider den indizierten Wirkungsgrad. Nachdem Biel[2] im Anschluß an die Ausführungen Lebrechts für Anwendung der Arbeit für isothermische Kompression vom Ansaugedruck und der Ansaugetemperatur auf den Gegendruck als Vergleichsmaßstab für die effektive Kompressorarbeit, deren Verhältnis er den »wirtschaftlichen Wirkungsgrad« nennt, eingetreten war, führte Richter[3] unter ausdrücklicher Betonung, daß in der mit Druckluft betriebenen Arbeitsmaschine nur adiabatisch expandiert werden kann, den »thermischen Wirkungsgrad« als Verhältnis der bei adiabatischer

---

[1] Zeitschrift des Vereines deutscher Ingenieure 1905 S. 151.
[2] Desgl 1905 S. 540.
[3] Desgl. 1905 S. 1276.

Kompression vom Ansaugedruck auf den Gegendruck und die Austrittstemperatur der Luft aus dem Kompressorzylinder nötigen Arbeit zur indizierten Kompressorarbeit ein. — Da es aber »meist praktisch unmöglich ist, die Leitung gegen den Temperaturverlust zu schützen, so empfiehlt sich die Vereinfachung, den ganzen Wärmeverlust der Leitung gleich dem Kompressor zur Last zu legen, indem ein für allemal in der Leitung Abkühlung bis auf die Ansaugetemperatur angenommen wird« [1]. Unter dieser Voraussetzung bezeichnet Richter das Verhältnis der Arbeit zur adiabatischen Kompression vom Ansaugedruck auf den Gegendruck und die Ansaugetemperatur zur indizierten Kompressorarbeit als «Arbeitsverhältnis».

Bevor auf den Zusammenhang zwischen den einzelnen Wirkungsgraden näher eingegangen wird, seien einige allgemeine Bemerkungen gestattet.

Durch den indizierten Wirkungsgrad, wie ihn Lebrecht einführt, wird der Kompressor sicher zu günstig beurteilt, denn selbst in einem verlustlosen Motor kann die als Vergleichsmaßstab dem Kompressor zu Grunde gelegte Arbeit nicht wiedergewonnen werden. — Andererseits wird bei Anwendung des Richterschen Arbeitsverhältnisses die Druckluft verbrauchende Maschine zu günstig beurteilt, denn wird dem Zylinder der Arbeitsmaschine Druckluft von der Ansaugetemperatur zugeführt, so wird die Expansion wegen der Wärmeeinstrahlung aus der Umgebung oberhalb der dem Arbeitsverhältnis zu Grunde liegenden Adiabate erfolgen müssen, und der Wirkungsgrad würde, abgesehen von sonstigen Verlusten, größer als »eins« sein. Wenn die Arbeitsmaschine dennoch in Wirklichkeit annähernd adiabatische Expansion aufweist, so ist diese ungünstige Ausnutzung der vom Kompressor gebotenen Druckluft der Arbeitsmaschine zur Last zu legen. Zu berücksichtigen ist ferner, daß nach dem Richterschen Arbeitsverhältnis selbst ein idealer Kompressor ohne Anwendung besonderer Mittel den Wirkungsgrad »eins« nie erreichen kann, denn die adiabatische Kompression auf den Gegendruck und die Ansaugetemperatur bedingt eine so niedrige Temperatur zu Kompressionsbeginn, daß es nicht einzusehen ist, wodurch die starke Temperaturerniedrigung der Luft vom Eintritt in den Zylinder bis zum Beginn der Kompression erreicht werden soll.

Nach alledem hält Verfasser die Beurteilung des Kompressors auf Grund des eingangs bezeichneten indizierten Wirkungsgrades η_i am geeignetsten. Es sind deshalb in den Zahlentafeln nur die Werte für den indizierten Wirkungsgrad aufgenommen.

Im übrigen ist die Wahl des Vergleichsmaßstabes für den Wirkungsgrad Sache der Uebereinkunft und von geringer Bedeutung für Versuche, bei denen genau angegeben ist, was unter den eingeführten Wirkungsgraden zu verstehen ist.

Die verschiedenen, vorher beschriebenen Wirkungsgrade stehen in einfachen Beziehungen zu einander. Bezeichnet

η_1 den indizierten Wirkungsgrad nach Lebrecht,
η_2 den thermischen Wirkungsgrad $\Big\}$ nach Richter,
η_3 das Arbeitsverhältnis

so hat man:

$$\eta_1 = \eta_i \frac{\varkappa}{\varkappa-1} \frac{\left(\dfrac{p}{p_0}\right)^{\frac{\varkappa-1}{\varkappa}} - 1}{\ln\left(\dfrac{p}{p_0}\right)} = C_1\,\eta_i \quad . \quad . \quad . \quad . \quad . \quad . \quad (40)$$

---

[1] Zeitschrift des Vereines deutscher Ingenieure 1907 S. 1276.

$$\eta_2 = \eta_i \frac{\varkappa}{\varkappa - 1} \frac{T_v}{T_0} \frac{1 - \left(\frac{p_0}{p}\right)^{\frac{\varkappa-1}{\varkappa}}}{\ln \frac{p}{p_0}} = C_2 \eta_i \frac{T_v}{T_0} \quad \ldots \ldots \quad (41)$$

$$\eta_3 = \eta_i \frac{\varkappa}{\varkappa - 1} \frac{1 - \left(\frac{p_0}{p}\right)^{\frac{\varkappa-1}{\varkappa}}}{\ln \frac{p}{p_0}} = C_2 \eta_i \quad \ldots \ldots \quad (42).$$

In der folgenden Zahlentafel 3 sind die Werte C_1 und C_2 für verschiedene Druckverhältnisse zusammengestellt.

Zahlentafel 3.
Werte der Konstanten C_1 und C_2

Druck-verhaltnis $\dfrac{p}{p_0}$	C_1 $= \dfrac{\varkappa}{\varkappa-1} \dfrac{\left(\frac{p}{p_0}\right)^{\frac{\varkappa-1}{\varkappa}} - 1}{\ln \frac{p}{p_0}}$	C_2 $= \dfrac{\varkappa}{\varkappa-1} \dfrac{1 - \left(\frac{p}{p_0}\right)^{\frac{\varkappa-1}{\varkappa}}}{\ln \frac{p}{p_0}}$
2	1,109	0,907
3	1,180	0,857
4	1,233	0,824
5	1,277	0,799
6	1,314	0,780
7	1,346	0,764
8	1,375	0,751
9	1,402	0,740
10	1,426	0,730

Bei Verbundkompression (Zylinder I, Zylinder II) werden in der Stunde $\lambda_I V_I 120\,n$ cbm Luft angesaugt, und man erhält den indizierten Wirkungsgrad bei Verbundkompression $\eta_{i\,verb}$ zu

$$\eta_{i\,verb} = \frac{\lambda_I V_I p_0 \ln \frac{p}{p_0}}{V_I p_{i\,I} + 0,5\, V_{II} p_{i\,II}} = \lambda_I \frac{2\,p_m}{2\,p_{i\,I} + \frac{V_{II}}{V_I} p_{i\,II}} \quad \ldots \ldots \quad (43).$$

Andrerseits hat man auch für die einzelnen Zylinder

$$\eta_{i\,I} = \frac{\lambda_I p_0 \ln \frac{p_z}{p_0}}{p_{i\,I}} \quad \text{und} \quad \eta_{i\,II} = \frac{2\,\lambda_I V_I p_0 \ln \frac{p}{p_z}}{V_{II} p_{i\,II}},$$

und da auch

$$\lambda_I V_I p_0 \ln \frac{p}{p_0} = \lambda_I V_I p_0 \ln \frac{p_z}{p_0} + \lambda_I V_I p_0 \ln \frac{p}{p_z}$$

ist, so wird

$$\eta_{i\,verb} = \frac{2\,\lambda_I V_I p_0 \ln \frac{p_z}{p_0} + 2\,\lambda_I V_I p_0 \ln \frac{p}{p_z}}{2\, V_I p_{i\,I} + V_{II} p_{i\,II}}$$

oder nach Umformung

$$\eta_{i\,verb} = \frac{2\, \dfrac{V_I p_{i\,I}}{V_{II} p_{i\,II}} \eta_{i\,I} + \eta_{i\,II}}{2\, \dfrac{V_I p_{i\,I}}{V_{II} p_{i\,II}} + 1} \quad \ldots \ldots \ldots \quad (44).$$

Die Lufttemperaturen in einigen wichtigen Kolbenstellungen.

Die Lufttemperaturen in den einzelnen Kolbenstellungen können ermittelt werden, wenn außer Druck und Rauminhalt, die dem Indikatordiagramm entnommen werden können, noch das jeweilig im Zylinder befindliche Luftgewicht bekannt ist. Während das bei jedem Saughub in den Zylinder gelangende Luftgewicht durch die Messung mittels Luftuhr bestimmt ist, müssen zur Ermittlung der vom vorhergehenden Hub noch im Zylinder befindlichen Luftmenge gewisse Annahmen gemacht werden.

Für die nachfolgenden Berechnungen der Lufttemperaturen ist Folgendes angenommen worden:

1) Das Abschlußorgan (Rundschieber bei Zylinder I, Druckventil bei Zylinder II) schließt bei Beginn der Expansion, Punkt 3, Fig. 17 und 18, den Zylinder vollkommen dicht ab, so daß aus dem Druckraum keine Luft in den Zylinder zurückströmen kann.

2) Die Temperatur der Luft im Zylinder ist bei Beginn der Expansion gleich der am Druckventil gemessenen Austrittstemperatur. Bei Zylinder I ist außerdem die Temperatur der Luft im schädlichen Raum zwischen dem Rundschieber und den Druckventilen beim Abschluß der Druckventile gleich der Austrittstemperatur.

3) Die Gaskonstante der im Zylinder befindlichen Luft ist bei allen Kolbenstellungen dieselbe.

Die unter 1) gemachte Annahme ist bei Zylinder I erfüllt, da die Rundschieber kurz vor Erreichung der Kolbentotlagen die Ausströmkanäle abschließen. Bei dem Zylinder II dagegen strömt nach Beginn der Expansion wegen des verspäteten Ventilschlusses, der allen freigehenden Ventilen eigentümlich ist, aus dem Druckraum Luft in den Zylinder zurück. Durch die Annahme 1) wird demnach das Luftgewicht, welches im Zylinder bei Beginn des Ansaugens vorhanden ist, bei diesem Zylinder etwas zu klein in Rechnung gestellt. Die Temperatur der Luft bei Beginn der Expansion ist bei beiden Zylindern schätzungsweise höher als die gemessene Austrittstemperatur, denn die Thermometer an den Druckventilen werden zwar während des Ausschiebens von Luft umspült, deren Temperatur höher ist, als die Austrittstemperatur, dagegen kann während der Expansion, des Ansaugens und der Kompression Abkühlung erfolgen. Durch die Annahme 2) wird mithin das Luftgewicht zu Beginn des Ansaugens etwas zu groß eingesetzt. Bei Zylinder II gleichen sich die durch die Annahmen 1) und 2) gemachten Fehler teilweise aus. Die Annahme 3) erscheint mit Rücksicht auf die in der Luft enthaltenen geringen Wasserdampfmengen zulässig.

Der Einfluß der gemachten Annahmen auf die Größe der zu berechnenden Lufttemperaturen läßt sich nur schätzungsweise ermitteln[1]); er ist aber nicht sehr erheblich, da das Luftgewicht im Zylinder bei Beginn des Ansaugens im Verhältnis zu dem bekannten Luftgewicht, welches angesaugt wird, klein ist.

Es bezeichne mit Bezug auf Fig. 17 und 18

---

[1]) Eine Möglichkeit, die Zulässigkeit der gemachten Annahmen durch Vergleich der errechneten Lufttemperaturen mit den gemessenen Austrittstemperaturen zu prüfen, besteht nicht, und die von Richter (Forschungsarbeiten Heft 32 S. 7) ausgesprochene Ansicht, »diese zunächst gewagt erscheinende Annahme (ein genau im Hubwechsel dicht schließendes Ventil) werden die gemessenen und die aus der Lieferung errechneten Temperaturen durch gegenseitiges Uebereinstimmen im vorliegenden Falle als zulässig erscheinen lassen« ist als unzutreffend zu bezeichnen.

t_1 die Temperatur am Ende des Ansaugens,

t_2 die Temperatur während der Kompression bei Erreichung des Gegendruckes p,

t_3 die Temperatur am Ende des Ausschiebens,

t_4 die Temperatur während der Expansion bei Erreichung des Druckes p_1.

Die zugehörigen absoluten Temperaturen seien T_1, T_2, T_3, T_4, die zugehörigen Drücke in kg/qcm p_1, p_2, p_3, p_4, und in kg/qm P_1, P_2, P_3, P_4.

a) Zylinder I ohne Druckausgleich.

Das Gewicht der im Zylinder befindlichen Luft beträgt bei Beginn der Expansion, Punkt 3, Fig. 17,

$$G_3 = \frac{P_3\, \varepsilon\, V}{R\, T_3},$$

wobei R die Gaskonstante der Luft bedeutet. Beim Saughube strömt das Luftgewicht $\frac{P_0\,\lambda\,V}{R\,T_0}$ in den Zylinder ein, so daß am Ende des Ansaugens, Punkt 1, Fig. 17, das Luftgewicht

$$G_1 = \frac{P_3\, \varepsilon\, V}{R\, T_3} + \frac{P_0\, \lambda\, V}{R\, T_0}$$

vorhanden ist.

Da auch

$$G_1 = \frac{P_1\, (1 + \varepsilon)\, V}{R\, T_1}$$

ist, so folgt die Temperatur am Ende des Ansaugens zu

$$T_1 = \frac{p_1\,(1 + \varepsilon)}{\dfrac{p_3\, \varepsilon}{T_3} + \dfrac{p_0\, \lambda}{T_0}} \quad \text{oder} \quad T_1 = \frac{(1 + \varepsilon)\,\dfrac{p_1}{p_0}\, T_0}{\lambda + \varepsilon\, \dfrac{T_0\, p_3}{T_3\, p_0}} \quad \dots \quad (45).$$

Kurz nach Beginn der Kompression erfolgt das Oeffnen des schädlichen Raumes zwischen Drehschieber und den Ventilen, Fig. 9 und 17, und die darin befindliche Luftmenge strömt in den Zylinder zurück. Im Punkt 2 befindet sich im Zylinder das Luftgewicht

$$G_2 = \frac{P_3\, \varepsilon\, V}{R\, T_3} + \frac{P_0\, \lambda\, V}{R\, T_0} + \frac{P_v\, \varepsilon_1\, V}{R\, T_3},$$

wenn vor dem Ueberströmen in dem schädlichen Raum der Druck P_v und die Temperatur T_3 herrschte. Hieraus ergibt sich die Temperatur

$$T_2 = \frac{V_2}{V} \frac{p_2}{\varepsilon\, \dfrac{p_3}{T_3} + \varepsilon_1\, \dfrac{p_v}{T_3} + \lambda\, \dfrac{p_0}{T_0}},$$

oder nach Umformung, und da $p_2 = p$ ist,

$$T_2 = \frac{V_2}{V} \frac{\dfrac{p}{p_0}\, T_0}{\dfrac{T_0}{T_3}\left(\varepsilon\, \dfrac{p_3}{p_0} + \varepsilon_1\, \dfrac{p_v}{p_0}\right) + \lambda} \quad \dots \quad (46).$$

Die Temperaturen während der Expansion bei Erreichung des Ansaugedruckes p_0 und des Druckes p_1 zu Ende des Ansaugens ergeben sich mit Benutzung des Exponenten m' der Expansionslinie zu

$$T_8 = T_3 \left(\frac{p_0}{p}\right)^{\frac{m'-1}{m'}} \quad \text{und} \quad T_4 = T_3 \left(\frac{p_1}{p}\right)^{\frac{m'-1}{m'}} \quad \dots \quad (47)\ (48).$$

b) Zylinder II.

Für diesen Zylinder ergibt sich die Temperatur zu Ende des Saugens aus Gl. (45), und die Temperatur während der Kompression bei Erreichung des Gegendruckes aus Gl. (46), wenn $\varepsilon_1 = 0$ gesetzt wird. Ferner erhält man die Temperaturen T_3 und T_4 aus Gl. (47) und Gl. (48). Da sich aus den Indikatordiagrammen wegen Nachströmens der Luft aus dem Druckraum bei Beginn der Expansion und wegen der bei höheren Drücken vorhandenen Indikatorschwingungen der Exponent der Expansionslinie nicht einwandfrei bestimmen ließ, so wurde zur Berechnung von T_3 und T_4 $m' = 1{,}20$ schätzungsweise angenommen.

c) Zylinder I mit Druckausgleich.

Mit Bezug auf Fig. 18 und unter Berücksichtigung, daß das Luftgewicht im Zylinder zu Ende des Saugens

$$G_1 = \frac{P_4 V_4}{R T_4} + \frac{P_0 \lambda V}{R T_0}$$

beträgt, erhält man die Temperatur T_1 zu Ende des Saugens zu

$$T_1 = \frac{V_1}{V} \cdot \frac{\dfrac{p_1}{p_0} T_0}{\dfrac{p_6}{p_0} \dfrac{T_0}{T_6} \dfrac{V_6}{V} + \lambda},$$

und mit Einführung der entsprechenden Größen aus Fig. 18

$$T_1 = (1 + \varepsilon + \varepsilon_2 - \delta) \frac{\dfrac{p_1}{p_0} T_0}{(\varepsilon + \varepsilon_2 + \alpha) \dfrac{p_6}{p_0} \dfrac{T_0}{T_6} + \lambda} \quad \ldots \ldots \quad (49).$$

Zur Bestimmung der Temperatur T_6 ist es nötig, eine Angabe darüber zu machen, in welcher Weise der Druckausgleich erfolgt. Für isothermischen Druckausgleich ist $T_6 = T_3$ und damit

$$T_{1is} = (1 + \varepsilon + \varepsilon_2 - \delta) \frac{T_0}{(\varepsilon + \varepsilon_2 + \alpha) \dfrac{p_6}{p_0} \dfrac{T_0}{T_3} + \lambda} \quad \ldots \ldots \quad (50),$$

für adiabatischen Druckausgleich ist $T_6 = T_3 \left(\dfrac{p_6}{p_3}\right)^{\frac{\varkappa - 1}{\varkappa}}$ und

$$T_{1ad} = (1 + \varepsilon + \varepsilon_2 - \delta) \frac{T_0}{(\varepsilon + \varepsilon_2 + \alpha) \dfrac{p_6}{p_0} \dfrac{T_0}{T_3} \left(\dfrac{p_3}{p_6}\right)^{\frac{\varkappa - 1}{\varkappa}} + \lambda} \quad \ldots \quad (50\,\mathrm{a}),$$

da bei allen Versuchen $p_1 = p_0$ war.

Zur Unterscheidung von den Werten für die vordere Kolbenseite sind bei den weiteren Entwicklungen die Größen für die hintere Kolbenseite mit ' bezeichnet. Nach dem Ende des Saugens vorn öffnet auf der hinteren Seite der Drehschieber nach dem Druckausgleichkanal hin. Die bei dieser Kolbenstellung auf der hinteren Kolbenseite befindliche Luftmenge V_3' strömt teilweise auf die vordere Kolbenseite, wodurch eine Druckerhöhung von p_1 auf p_3 eintritt. Die Temperatur T_5 nach dem Druckausgleich ergibt sich dann aus

$$T_5 = \frac{P_5 V_5}{\dfrac{P_1 V_1}{T_1} + \dfrac{P_3' V_3'}{T_3'} - \dfrac{P_6' V_6'}{T_6'}},$$

oder nach Umformung

$$T_5 = \frac{V_5}{V} \cdot \frac{T_1 \dfrac{p_5}{p_1}}{(1 + \varepsilon + \varepsilon_2 - \delta) + \dfrac{p_3'}{p_1}\dfrac{V_3'}{V}\dfrac{T_1}{T_3'} - (\varepsilon' + \iota_2' + \alpha')\dfrac{p_6'}{p_1}\dfrac{T_1}{T_6'}} \quad \dots \quad (51).$$

Nach Beginn der Kompression strömt wiederum die in dem Raume zwischen Rundschieber und den Ventilen befindliche Luft in den Zylinder zurück, so daß die Temperatur bei Erreichung des Gegendruckes sich ergibt aus

$$T_2 = \frac{P_2 V_2}{\dfrac{P_5 V_5}{T_5} + \dfrac{\varepsilon_1 V P_v}{T_3}},$$

oder in anderer Form

$$T_2 = \frac{V_2}{V} \cdot \frac{\dfrac{p_2}{p_5} T_5}{\dfrac{V_5}{V} + \varepsilon_1 \dfrac{p_v'}{p_5}\dfrac{T_5}{T_3}} \quad \dots \dots \quad (52).$$

Abgesehen von der Unsicherheit, welche durch die Annahme der Temperatur T_5 bedingt ist, lassen sich die einzelnen Temperaturen nach den entwickelten Beziehungen berechnen. In Wirklichkeit begegnete die Ermittlung der Temperatur T_5 in sofern weiteren Schwierigkeiten, als sich bei näherer Untersuchung der Kompressionslinie ergab, daß die Drehschieber zu Beginn des Druckausgleiches den Raum zwischen Drehschieber und den Druckventilen nicht völlig dicht abgeschlossen haben, sodaß schon während des Druckausgleiches aus diesem Raume Luft in den Zylinder zurückströmte. Diese Erscheinung hat ihren Grund in den Schieberabmessungen. Bei derjenigen Schieberstellung, in welcher der Druckausgleich beginnt, ist eine nennenswerte Dichtungsfläche nicht vorhanden, s. Fig. 10. Um nun bei Bestimmung der Temperatur T_5 dieses Ueberströmen der Luft nach Möglichkeit zu berücksichtigen, wurde in folgender Weise verfahren.

Ist vor dem Ueberströmen der Luft aus dem Raum $\varepsilon_1 V$ nach Beginn der Kompression im Zylinder der Rauminhalt der Luft V_r, der Druck p_r, ferner im Raum $\varepsilon_1 V$ der Druck p_s, so ist unter der Voraussetzung plötzlichen Ueberströmens und Mischens beider Luftmengen und unter Ausschluß von Wärmezu- oder -abfuhr, der Druck im Zylinder nach dem Ueberströmen

$$p_u = \frac{p_r V_r + p_s \varepsilon_1 V}{V_r + \varepsilon_1 V},$$

woraus

$$p_s = \frac{p_u (V_r + \varepsilon_1 V) - p_r V_r}{\varepsilon_1 V} \quad \dots \dots \quad (53)$$

folgt. Das Luftgewicht im Raum $\varepsilon_1 V$ war demnach vor dem Ueberströmen

$$G_{\varepsilon 1} = \frac{P_s \varepsilon_1 V}{R T_3}.$$

Die Werte von p_s wurden aus den Indikatordiagrammen für jede Kolbenseite bestimmt, wobei über die Zulässigkeit der Annahme adiabatischen Ueberströmens die Diagramme für Zylinder I ohne Druckausgleich gewissen Anhalt boten. Da nun nicht bekannt ist, wie sich die während des Druckausgleiches dem Raum $\varepsilon_1 V$ entwichene Luftmenge auf die beiden Kolbenseiten verteilt, so ist die Ermittlung der Temperatur T_5 für jede Kolbenseite nicht möglich. Es wurde deshalb ein zwischen T_5 und T_5' liegender Wert T_{5m} ermittelt. Man hat

$$G_5 + G_5' = 2\lambda \frac{P_0 V}{R T_0} + \frac{P_3 V_3}{R T_3} + \frac{P_3' V_3'}{R T_3'} + \frac{P_v \varepsilon_1 V}{R T_3}\left(1 - \frac{p_s}{p_v}\right) + \frac{P_v \varepsilon_1' V}{R T_3'}\left(1 - \frac{p_s'}{p_v}\right)$$

oder

$$\frac{p_5 V_5}{T_5} + \frac{p_5' V_5'}{T_5'} = 2\lambda \frac{p_0 V}{T_0} + \frac{p_3 V_3}{T_3} + \frac{p_3' V_3'}{T_3'} + \frac{p_v \varepsilon_1 V}{T_3}\left(1 - \frac{p_s}{p_v}\right) + \frac{p_v \varepsilon_1' V}{T_3'}\left(1 - \frac{p_s'}{p_v}\right).$$

Hieraus ergibt sich

$$T_{5m} = T_0 \frac{\dfrac{p_5}{p_0}\dfrac{V_5}{V} + \dfrac{p_5'}{p_0}\dfrac{V_5'}{V}}{2\lambda + \dfrac{p_3}{p_0}\dfrac{V_3}{V}\dfrac{T_0}{T_3} + \dfrac{p_3'}{p_0}\dfrac{V_3'}{V}\dfrac{T_0}{T_3'} + \varepsilon_1 \dfrac{p_v}{p_0}\dfrac{T_0}{T_3}\left(1 - \dfrac{p_s}{p_v}\right) + \varepsilon_1' \dfrac{p_v}{p_0}\dfrac{T_0}{T_3'}\left(1 - \dfrac{p_s'}{p_v}\right)} \qquad (54).$$

In diesem Ausdruck kommt T_6 nicht mehr vor. Es ist also gleichgültig, wie der Druckausgleich erfolgt.

In gleicher Weise ergibt sich auch

$$G_2 + G_2' = 2\lambda \frac{P_0 V}{R T_0} + \frac{P_3 V_3}{R T_3} + \frac{P_3' V_3'}{R T_3'} + \frac{P_v \varepsilon_1 V}{R T_3} + \frac{P_v \varepsilon_1' V}{R T_3'},$$

woraus mit entsprechender Umformung ein mittlerer Wert der Temperatur bei Erreichung des Gegendruckes

$$T_{2m} = \frac{T_0 \dfrac{p}{p_0}\left(\dfrac{V_2}{V} + \dfrac{V_2'}{V}\right)}{2\lambda + \dfrac{p_3}{p_0}\dfrac{V_3}{V}\dfrac{T_0}{T_3} + \dfrac{p_3'}{p_0}\dfrac{V_3'}{V}\dfrac{T_0}{T_3'} + \dfrac{p_v}{p_0}\left(\varepsilon_1 \dfrac{T_0}{T_3} + \varepsilon_1' \dfrac{T_0}{T_3'}\right)} \qquad . \quad . \quad . \quad (55)$$

folgt.

Die Abweichungen der Werte T_{5m} und T_{2m} vom arithmetischen Mittelwert aus T_5 und T_5' bezw. aus T_2 und T_2' sind sehr gering, sodaß die Werte T_{5m} und T_{2m} mit Rücksicht auf die übrigen Ungenauigkeiten (eine gewisse Willkür liegt schon in der Annahme eines gleichen λ für beide Kolbenseiten) als Mittelwerte gelten können.

Aus der Herleitung von T_{5m} und T_{2m} geht hervor, daß

$$\frac{T_{5m}}{0,5\,(T_5 + T_5')} = \frac{2\,(P_5 V_5 + P_5' V_5')\,G_5 G_5'}{(G_5 + G_5')\,(P_5 V_5 G_5' + P_5' V_5' G_5)} = \frac{2\left(1 + \dfrac{p_5'}{p_5}\dfrac{V_5'}{V_5}\right) G_5 G_5'}{(G_5 + G_5')\left(G_5' + \dfrac{p_5'}{p_5}\dfrac{V_5'}{V_5} G_5\right)}$$

und

$$\frac{T_{2m}}{0,5\,(T_2 + T_2')} = \frac{\left(\dfrac{V_2}{V} + \dfrac{V_2'}{V}\right) G_2 G_2'}{(G_2 + G_2')\left(\dfrac{V_2}{V} G_2' + \dfrac{V_2'}{V} G_2\right)}$$

ist.

Es war z. B. bei einem Versuch $\dfrac{V_2}{V} = 0{,}290$, $\dfrac{V_2'}{V} = 0{,}275$ und $\dfrac{p_5' V_5'}{p_5 V_5} = \dfrac{1{,}245}{1{,}322}$. Wären nun die Temperaturen

$$\text{auf der vorderen Kolbenseite } T_5 = 420, \ T_2 = 550,$$
$$\text{» » hinteren » } T_5' = 370, \ T_2' = 500,$$

also um 50^0 verschieden, so würde sich ergeben

$$0{,}5\,(T_5 + T_5') = 395, \quad T_{5m} = 394{,}2$$

und

$$0{,}5\,(T_2 + T_2') = 525, \quad T_{2m} = 324{,}8.$$

Die Werte T_{5m} und T_{2m} weichen also wenig vom arithmetischen Mittelwert ab, obwohl die Temperaturdifferenz von 50^0 viel zu hoch gegriffen ist.

d) Zylinder I (ohne Druckausgleich) und Zylinder II in Verbundanordnung.

Die Temperaturen für den Zylinder I, welcher aus der Luftuhr ansaugt, erhält man aus Gl. (45), (46), (47) und (48), wenn anstelle von p der Druck p_z im Zwischenkühler eingesetzt wird. Für den Zylinder II ergeben sich die Temperaturen ebenfalls aus Gl. (45) bis (48), wenn für p_0 und t_0 die Werte p_z und t_z, und für λ der Wert λ_{II} eingesetzt wird, wobei gleichzeitig zu beachten ist, daß bei diesem Zylinder $\varepsilon_1 = 0$ ist.

Die zwischen Zylinderinhalt und Wandung übergehenden Wärmemengen.

Bezeichnet wie vorher P_0 den Druck, T_0 die Temperatur, φ_0 die relative Feuchtigkeit der angesaugten Luft, und ist $\mathfrak{P}_0$ die Spannung des gesättigten Wasserdampfes bei der Temperatur T_0, so ergibt sich nach dem Daltonschen Gesetz für 1 cbm Luft der Teildruck der Luft zu $P_0 - \varphi_0 \mathfrak{P}_0$, und der Teildruck des Wasserdampfes mit der auf Seite 15 gemachten Annahme zu $\varphi_0 \mathfrak{P}_0$. Mithin ist das in 1 cbm vorhandene Luftgewicht

$$G_l = \frac{P_0 - \varphi_0 \mathfrak{P}_0}{R_l\, T_0}$$

und das Gewicht des Wasserdampfes

$$G_d = \frac{\varphi_0 \mathfrak{P}_0}{R_d\, T_0}\,.$$

Hierin ist R_l die Gaskonstante für trockene Luft, R_d diejenige für den Wasserdampf. Mit $R_l = 29{,}3$ und $R_d = 47{,}1$ folgt aus $P_0 = (G_l + G_d)\,R\,T_0$ die Gaskonstante R der angesaugten (feuchten) Luft zu

$$R = \frac{P_0}{T_0}\; \frac{1}{\dfrac{\psi_0 \mathfrak{P}_0}{47{,}1\, T_0} + \dfrac{P_0 - \varphi_0 \mathfrak{P}_0}{29{,}3\, T_0}}\,,$$

oder nach Umformung

$$R = \frac{29{,}3}{1 - 0{,}378\, \varphi_0 \dfrac{\mathfrak{p}_0}{p_0}}. \quad\ldots\ldots\ldots \quad (56).$$

Hiermit lassen sich nun die Gewichte der im Zylinder eingeschlossenen Luft in den einzelnen Kolbenstellungen unter Benutzung der Drücke und Rauminhalte aus dem Indikatordiagramm und der vorher berechneten Temperaturen bestimmen.

Sind ferner die spezifischen Wärmen für gleichbleibenden Druck der Luft c_{pl}, des Wasserdampfes c_{pd}, so ist die spezifische Wärme der angesaugten Luft für gleichbleibenden Druck

$$c_p = \frac{R\,(P_0 - \varphi_0 \mathfrak{P}_0)}{R_l\, P_0}\, c_{pl} + \frac{R\, \varphi_0 \mathfrak{P}_0}{R_d\, P_0}\, c_{pd} \quad\ldots\ldots \quad (57)$$

oder nach Einsetzen der Werte für $c_{pl} = 0{,}238$ und $c_{pd} = 0{,}480$

$$c_p = R\left(\frac{P_0 - \varphi_0 \mathfrak{P}_0}{P_0}\, \frac{0{,}238}{29{,}3} + \frac{\varphi_0 \mathfrak{P}_0}{P_0}\, \frac{0{,}48}{47{,}1} \right),$$

woraus man mit Benutzung der Beziehung (56) für R und nach Vereinfachung erhält

$$c_p = 0{,}238\, \frac{p_0 + 0{,}2546\, \varphi_0 \mathfrak{p}_0}{p_0 - 0{,}378\, \varphi_0 \mathfrak{p}_0} \quad\ldots\ldots \quad (58).$$

Weiter ist mit dem mechanischen Wärmeäquivalent $A = \frac{1}{424}$ die spezifische Wärme bei konstantem Volumen

$$c_v = c_p - \frac{R}{424} \quad \ldots \ldots \ldots \ldots \quad (59).$$

Die Werte c_p und c_v weichen für die einzelnen Versuche nur wenig von einander ab. Es ist deshalb zur Berechnung der Wärmemengen gesetzt

$$c_p = 0{,}2418, \quad c_v = 0{,}172 \quad \text{und} \quad \varkappa = \frac{c_p}{c_v} = 1{,}406.$$

Bedeutet ferner

Q_m die vom Kühlwasser abgeführte,

Q_s die durch Strahlung abgeführte,

Q_k die durch Kolbenreibung erzeugte,

Q_{12} die während der Kompression (Punkt 1 bis 2) aufgenommene,

Q_{23} die beim Ausschieben (Punkt 2 bis 3) aufgenommene,

Q_{34} die während der Expansion (Punkt 3 bis 4) aufgenommene,

Q_{41} die während des Ansaugens (Punkt 4 bis 1, Fig. 18) aufgenommene
  Wärmemenge i. d. Stunde, so hat man

$$Q_{12} + Q_{23} + Q_{34} + Q_{41} = Q_k - Q_m - Q_s \quad \ldots \ldots \quad (60).$$

Setzt man die der Luft zugeführte Wärme positiv, und die von der Luft geleistete Arbeit ebenfalls positiv, so hat man für den Prozeß vom Einströmen der Luft in den Zylinder bis zum Ausströmen aus demselben nach dem zweiten Hauptsatz der Thermodynamik

$$Q_k - Q_m - Q_s = G_0\, c_v\, (t_v - t_c) - A L_i + A G_0 R\, (t_v - t_i)$$

oder mit $A R = c_p - c_v$

$$Q_k - Q_m - Q_s = G_0\, c_p\, (t_i - t_c) - A L_i \quad \ldots \ldots \quad (61).$$

Hierin ist L_i die stündliche indizierte Kompressorarbeit in mkg. Ferner wird, wenn die indizierte Kompressorarbeit in PS N_i beträgt,

$$A L_i = \frac{1}{424}\, 60 \cdot 60 \cdot 75\, N_i = 637\, N_i \quad \ldots \ldots \quad (62).$$

Ist weiterhin mit Bezug auf Fig. 17 der mittlere Druck (bezogen auf die ganze Diagrammlänge)

während der Kompression p_{12}, entsprechend der Fläche $1\,2\,2'\,1'$,

während des Ausschiebens p_{23}, entsprechend der Fläche $2\,3\,3'\,2'$,

während der Expansion p_{34}, entsprechend der Fläche $3\,4\,4'\,3'$,

während des Ansaugens p_{41}, entsprechend der Fläche $4\,1\,1'\,4'$,

so ergibt sich die in den einzelnen Perioden übergehende Wärmemenge

für den Zylinder I (ohne Druckausgleich)

$$Q_{12} = (G_0 + G_z)\, c_v\, (t_2 - t_1) + G_{z1}\, c_v\, (t_2 - t_3) - 637\, \frac{p_{12}}{p_i}\, N_i \quad \ldots \quad (63)$$

$$Q_{23} = (G_0 + G_z + G_{z1})\, c_v\, (t_3 - t_2) + A G_0 R\, T_3 - 637\, \frac{p_{23}}{p_i}\, N_i \quad \ldots \quad (64)$$

$$Q_{34} = G_z\, c_v\, (t_4 - t_3) + 637\, \frac{p_{34}}{p_i}\, N_i \quad \ldots \ldots \quad (65)$$

$$Q_{41} = G_0\, c_v\, (t_1 - t_c) + G_z\, c_v\, (t_1 - t_4) - A G_0 R\, T_c + 637\, \frac{p_{41}}{p_i}\, N_i \quad \ldots \quad (66).$$

Für den Zylinder II gelten ebenfalls die Beziehungen Gl. (60) bis (62), und die einzelnen Wärmemengen findet man aus Gl. (63) bis (66), wenn $G_{z1} = 0$ gesetzt wird. Für die Zahlentafeln wurde bei diesem Zylinder die Wärmemenge Q_{34} entsprechend dem für die Berechnung von t_4 angenommenen Exponenten der Expansionslinie $m' = 1{,}20$ aus

$$Q_{34} = G_z \frac{m' - \varkappa}{m' - 1} c_v (t_4 - t_3) = 0{,}177\ G_z (t_4 - t_3)$$

und die Wärmemenge Q_{41} aus

$$Q_{41} = G_0\, c_p\, (t_v - t_c) - 637\, N_i - Q_{12} - Q_{23} - Q_{34}$$

ermittelt.

Für den Zylinder I (mit Druckausgleich) sind die einzelnen Wärmemengen mit Ausnahme der beim Druckausgleich auftretenden, in entsprechender Weise bestimmbar. Mit Rücksicht auf die Unsicherheit der Temperatur t_1 nach dem Ansaugen und die während des Druckausgleiches nicht bekannte Wärmebewegung ist von einer Aufnahme der Wärmemengen in die Zahlentafeln abgesehen

Die Versuchsergebnisse.

Ueber die Ergebnisse der Versuche geben die Zahlentafeln 4 bis 13 in Gemeinschaft mit den Figuren 19 bis 29 Aufschluß. In die Zahlentafeln sind alle Größen, welche für die Beurteilung der Versuche und für anderweite Verwendung der Ergebnisse von Wichtigkeit sind, aufgenommen. Mit Rücksicht auf die Uebersichtlichkeit sind in den Fig. 25 bis 29 die Einzelwerte der Temperaturen und Wärmemengen nicht eingetragen. Diese Werte sind aber in den Zahlentafeln enthalten und gestatten daher eine Nachprüfung dieser Schaulinien. Als Temperatur zu Ende der Kompression ist die Temperatur t_2 bei Erreichung des Gegendruckes p im Luftkessel angenommen. Die bei der Kompression auftretende höchste Temperatur liegt nur wenig höher als t_2, da kurz nach Erreichung des Gegendruckes sich die Druckventile zu öffnen beginnen.

Die Ermittlung des Exponenten der Kompressionslinie geschah in bekannter Weise durch Auftragen der Logarithmen des Druckes und Rauminhaltes für eine größere Anzahl von Punkten der Kompressionslinie. Bei allen Versuchen ist der Exponent zu Beginn der Kompression größer als zu Ende derselben. Die bei den Versuchen mit Zylinder I (ohne Druckausgleich) angegebenen Exponenten der Expansionslinie entsprechen den Punkten 3 und 4 des Diagramms Fig. 17.

Die Zahlentafeln enthalten unter anderen das Verhältnis der stündlich angesaugten Luftmenge in cbm zur indizierten Arbeit in PS. Dieses Verhältnis ist als »indizierte Förderleistung« bezeichnet. Bei gleichem Anfangsdruck und gleichem Druckverhältnis verhalten sich die indizierten Förderleistungen wie die indizierten Wirkungsgrade.

Die Zahlentafeln 15, 16 und 17 enthalten eine Zusammenstellung der von Lebrecht und Richter vorgeschlagenen Wirkungsgrade und zum Vergleich die indizierten Wirkungsgrade η_i, sowie die Wirkungsgrade ohne Leitungsverlust η_v (s. Seite 25). Die eingetragenen η_i-Werte entsprechen den in Fig. 22, 23 und 24 ausgezogenen Linien. Den Wirkungsgraden η_2 und η_v sind die durch die Schaulinien in Fig. 25, 26 und 27 dargestellten Temperaturdifferenzen $T_v - T_0$ und eine Ansaugetemperatur von $T_0 = 295^0$ zugrunde gelegt. Wie aus diesen Zahlentafeln hervorgeht, zeigt auch der Wirkungsgrad ohne Leitungsverlust günstigere Werte bei verstärkter Kühlung.

Zahlen-

Versuche mit dem Zylinder I

	Nr. des Versuches	50	51
1	Versuchstag 1903	26. 8.	26. 8.
2	Umdrehungszahl in der Minute n	52,0	54,6
3	Gegendruck im Luftkessel p . . . . kg/qcm	2,50	2,50
4	atmosphärischer Druck p_0 . . . . »	1,023	1,023
5	Druckverhältnis $\dfrac{p}{p_0}$	2,45	2,45
6	angewendete Kühlung	schwach	stark
7	Barometerstand, reduziert auf 0^0 C . . . . . mm Q.-S.	752,7	752,7
8	Temperatur t_0 . . . $\Big\}$ der Luft vor der Luftuhr $\quad^0$C	20,3	20,1
9	relative Feuchtigkeit φ_0	0,96	0,96
10	Temperatur t' . . . $\Big\}$ der Luft im Druckaus- »	20,6	20,4
11	relative Feuchtigkeit φ' gleichgefäß	0,94	0,94
12	angesaugte Luftmenge i. d. Std. (Luftuhrablesung) V_0 cbm	84,42	90,00
13	Hubraum in der Stunde $120\,n\,V$ . . . . »	94,39	99,21
14	Lieferungsgrad λ . . . . vH	89,4	90,7
15*	Volumetrischer Wirkungsgrad (aus dem Indikator-diagramm ermittelt) μ . . . . »	97,3	97,3
16	Gaskonstante der angesaugten Luft (aus p_0, t_0, φ_0 ermittelt) R	29,55	29,55
17	angesaugtes Luftgewicht $\Big\{$ in der Stunde G_0 . . . kg bei 1000 Umdr. . . »	99,64 31,92	106,30 32,43
18*	Druck zu Beginn der Expansion p_3 . . . . kg/qcm	2,60	2,60
19*	Druck zu Ende des Saugens p_1 ($= p_0$) . . . . . »	1,02	1,02
20*	Druck unter den Druckventilen p_v . . . . . . »	2,60	2,60
21	Lufttemperatur vor dem Zylinder t_c . . . . . . ^{0}C	21,0	20,7
22	Lufttemperatur hinter den Druck- $\big\{$ vorn — hinten . » ventilen t_v $\big($ im Mittel . . »	77,0 — 83,3 80,2	72,1 — 78,8 75,5
23	Lufttemperatur im Druckrohr . . . . »	—	—
24*	Luftgewicht zu Beginn der $\big\{$ in der Stunde G_ε . . kg Expansion $\big($ bei 1000 Umdr. . . »	4,51 1,45	4,81 1,47
25*	Luftgewicht zu Ende $\big\{$ in der Stunde $G_0 + G_\varepsilon$ . . » des Saugens $\big($ bei 1000 Umdr. . . . »	104,15 33,37	111,11 33,87
26*	Luftgewicht zu Ende $\big\{$ in der Stunde $G_0 = G_\varepsilon + G_{\varepsilon_1}$ » der Kompression $\big($ bei 1000 Umdr. . . »	116,54 37,35	124,32 37,90
27*	mittlere Lufttemperatur zu Ende des Saugens t_1 . . ^{0}C	46,8	41,9
28*	desgl. zu Ende der Kompression t_2 . . . . . »	117	112
29*	desgl. zu Ende des Ausschiebens t_3 . . . . »	80,2	75,5
30*	desgl. zu Ende der Expansion t_4 . . . ($= t_8$) . . »	80,2	75,5
31*	Mischungstemperatur der Restluft mit der Frischluft $$t_m = \frac{G_\varepsilon\,T_8 + G_0\,T_0}{G_0 + G_\varepsilon} - 273 \quad . . . . \quad$$ »	22,7	22,6
32	Temperaturerhöhung beim Ansaugen $t_1 - t_c$ . . . . »	25,8	21,2
33	desgl. bei der Kompression $t_2 - t_1$ . . . . . »	70,2	70,1
34	Temperaturerniedrigung beim Ausschieben $t_2 - t_3$. »	36,8	36,5
35	desgl. bei der Expansion $t_3 - t_4$ . . . . . . »	0	0
36	Temperaturunterschied $t_v - t_c$ . . . . »	59,2	54,8
37*	Exponent der Kompressionslinie (mittlerer) m . . .	1,31	1,31
38	desgl. zu Beginn — zu Ende der Kompression . .	1,35 — 1,27	1,35 — 1,27
39*	Exponent der Expansionslinie (aus Punkt 3 und 4 Fig. 17 ermittelt) m'	1,00	1,00
40	stündliche Kühlwassermenge $\big\{$ . . . . . . cbm . . . . . . kg	0,0170 16,8	0,1050 104,6
41	Temperatur des Kühlwassers $\big\{$ beim Eintritt . . ^{0}C beim Austritt . . »	18,9 47,3	17,5 26,7
42			
43	vom Kühlwasser aufgenommene $\big\{$ in der Stunde Q_m WE Wärmemenge $\big($ bei 1000 Umdr . »	477 153	962 293
44	Kühlwassermenge für 100 kg angesaugte Luft . . kg/st	16,9	98,3
45	Indikatorfedermaßstab (angeblich) 1 kg/qcm $=$ . . mm	25	25

Die Werte unter den mit * bezeichneten laufenden Nummern sind Mittelwerte für die

tafel 4.
(ohne Druckausgleich).

48	49	46	47	44	45
26. 8.	26. 8.	24. 8.	24. 8.	24. 8.	24. 8.
54,1	54,1	54,1	54,3	53,7	54,2
3,50	3,50	5,03	5,03	7,01	7,01
1,023	1,023	1,017	1,017	1,017	1,017
3,42	3,42	4,94	4,94	6,89	6,89
schwach	stark	schwach	stark	schwach	stark
752,7	752,7	748,2	748,2	748,2	748,2
19,9	20,0	22,4	23,3	21,5	23,0
1,02	0,98	0,89	0,83	0,93	0,85
20,7	20,5	22,3	23,3	21,7	22,9
0,97	0,95	0,89	0,83	0,92	0,86
84,99	85,47	78,66	79,24	71,10	72,43
98,14	98,25	98,25	98,65	97,45	98,38
86,6	87,0	80,0	80,3	73,0	73,6
95,7	95,7	94,5	94,5	93,7	93,7
29,56	29,55	29,57	29,57	29,57	29,57
100,42	100,99	91,58	91,98	83,03	84,16
30,94	31,12	28,22	28,23	25,76	25,88
3,60	3,60	5,13	5,13	7,11	7,11
1,02	1,02	1,02	1,02	1,02	1,02
3,60	3,60	5,13	5,13	7,11	7,11
21,1	20,9	22,6	23,3	22,3	23,1
98,9 — 104,7	90,4 — 99,0	126,4 — 134,5	121,4 — 129,7	147,8 — 157,6	144,6 — 155,1
101,8	94,7	130,5	125,6	152,7	149,9
—	—	114,2	106,0	127,7	124,3
6,09	6,27	8,13	8,25	10,52	10,75
1,88	1,93	2,51	2,53	3,26	3,30
106,51	107,26	99,71	100,23	93,55	94,91
32,80	33,02	30,70	30,76	29,03	29,20
123,27	124,53	122,07	122,93	122,53	124,50
37,96	38,35	37,60	37,70	38,00	38,30
51,9	50,0	72,5	71,9	91,8	90,2
153	150	212	210	259	256
101,8	94,7	130,5	125,6	152,7	149,9
79,9	73,3	42,1	38,3	— 0,9	— 2,7
23,2	23,0	24,1	21,4	20,0	20,7
30,8	29,1	49,9	48,6	69,5	67,1
101,1	100,0	139,5	138,1	167,2	165,8
51,2	55,3	81,5	84,4	106,3	106,1
21,9	21,4	88,4	87,3	153,6	152,6
80,7	73,8	107,9	102,3	130,4	126,8
1,30	1,30	1,27	1,27	1,24	1,24
1,35 — 1,25	1,35 — 1,25	1,33 — 1,21	1,33 — 1,21	1,32 — 1,18	1,32 — 1,18
1,05	1,05	1,18	1,18	1,30	1,30
0,0324	0,1395	0,0636	0,2330	0,0802	0,2720
32,1	139,0	63,0	232,3	79,4	271,1
18,2	17,2	17,9	16,8	17,5	16,6
47,2	26,6	46,0	26,1	46,8	26,3
930	1307	1770	2160	2327	2630
286	403	545	662	722	809
32,0	137,5	68,8	253,0	95,7	322,0
15	15	12	12	8	8

vordere und hintere Zylinderseite.

Zahlentafel 4.

	Nr. des Versuches		50	51
46	Diagrammaßstab $\mathfrak{M}$ vorn — hinten	mm	25,20 — 24,80	25,20 — 24,80
47	mittlerer indizierter Druck { vorn — hinten . .	kg/qcm	1,07 — 1,09	1,07 — 1,09
	{ im Mittel p_i . . .	»	1,08	1,08
48	indizierte Leistung N_i	PS	3,78	3,97
49	mittlerer Druck für isothermische Kompression von			
	p_0 auf p . . . p_m	kg/qcm	0,915	0,915
50	indizierter Wirkungsgrad η_i	vH	75,7	76,8
51	indizierte Forderleistung $V_0 : N_i$	cbm/PS	22,3	22,7
52*	Verhaltnis des mitt- { beim Ansaugen $p_{41} : p_i$.		0,911	0,911
53*	leren Druckes zum { bei der Kompression $p_{12} : p_i$		0,754	0,754
54*	mittleren indizierten { beim Ausschieben $p_{23} : p_i$.		1,200	1,200
55*	Drucke { bei der Expansion $p_{34} : p_i$.		0,043	0,043
56	gesamte abgeführte { in der Stunde — $(Q_m + Q_s — Q_k)$	WE	984	1120
	Warmemenge { bei 1000 Umdr.	»	316	343
57	während des Ansaugens zu- { in der Stunde Q_{41} .	»	562	479
	geführte Wärmemenge { bei 1000 Umdr. . .	»	180	146
58	während der Kompression ab- { i. der Stunde — Q_{12}	»	478	485
	geführte Wärmemenge { bei 1000 Umdr. .	»	153	148
59	wahrend des Ausschiebens ab- { i. der Stunde — Q_{23}	»	1172	1223
	geführte Wärmemenge { bei 1000 Umdr. .	»	376	374
60	wahrend der Expansion zu- { in der Stunde Q_{34} .	»	104	109
	geführte Warmemenge { bei 1000 Umdr. . .	»	33	33

Zahlen-
Versuche mit dem Zylinder I

	Nr. des Versuches		26	27
1	Versuchstag 1903		31. 7.	31. 7.
2	Umdrehungszahl in der Minute n		80,7	80,4
3	Gegendruck im Luftkessel p	kg/qcm	2,49	2,49
4	atmospharischer Druck p_0	»	1,011	1,011
5	Druckverhältnis $\dfrac{p}{p_0}$		2,46	2,46
6	angewendete Kuhlung		schwach	stark
7	Barometerstand, reduziert auf 0^0 C	mm Q.-S.	743,7	743,7
8	Temperatur t_0 . . . . } der Luft vor der Luftuhr	^{0}C	21,7	21,9
9	relative Feuchtigkeit φ_0 }		0,90	0,88
10	Temperatur t' . . . . } der Luft im Druckaus-	»	21,8	21,7
11	relative Feuchtigkeit φ' } gleichgefaß		0,89	0,89
12	angesaugte Luftmenge i. d Std. (Luftuhrablesung) V_0	cbm	134,54	135,43
13	Hubraum in der Stunde 120 $n V$	»	146,43	146,04
14	Lieferungsgrad λ	vH	91,9	92,7
15	volumetrischer Wirkungsgrad (aus dem Indikator-			
	diagramm ermittelt) μ	»	97,2	97,2
16	Gaskonstante der angesaugten Luft (aus p_0, t_0, φ_0 er-			
	mittelt) R		29,56	29,56
17	angesaugtes Luftgewicht { in der Stunde G_0 . . .	kg	156,14	157,07
	{ bei 1000 Umdr. . .	»	32,23	32,57
18*	Druck zu Beginn der Expansion p_3	kg/qcm	2,67	2,67
19*	Druck zu Ende des Saugens p_1 ($= p_0$)	»	1,01	1,01
20*	Druck unter den Druckventilen p_i	»	2,59	2,59
21*	Lufttemperatur vor dem Zylinder t_i	^{0}C	21,7	21,6
22	Lufttemperatur hinter den Druck- { vorn — hinten .	»	90,6 — 94,3	87,0 — 90,2
	ventilen t_v { im Mittel . .	»	92,5	88,6
23	Lufttemperatur im Druckrohr	»	81,4	73,4
24*	Luftgewicht zu Beginn der { in der Stunde G_ε . .	kg	6,89	7,04
	Expansion { bei 1000 Umdr.	»	1,42	1,16
25*	Luftgewicht zu Ende { in der Stunde $G_0 + G_\varepsilon$ . .	»	163,03	164,11
	des Saugens { bei 1000 Umdr.	»	33,64	34,10

Fortsetzung.

48	49	46	47	44	45
15,13 — 15,15	15,13 — 15,15	11,76 — 11,81	11,76 — 11,81	7,98 — 8,02	7,98 — 8,02
1,51 — 1,53	1,51 — 1,53	2,04 — 2,06	2,03 — 2,04	2,57 — 2,63	2,56 — 2,62
1,52	1,52	2,05	2,04	2,60	2,59
5,52	5,53	7,45	7,45	9,38	9,43
1,258	1,258	1,625	1,625	1,963	1,963
71,7	72,0	63,4	64,0	55,1	55,8
15,4	15,5	10,6	10,6	7,6	7,4
0,640	0,640	0,468	0,468	0,364	0,364
0,787	0,787	0,827	0,827	0,863	0,863
0,905	0,905	0,703	0,703	0,573	0,573
0,052	0,052	0,062	0,062	0,072	0,072
1555	1722	2360	2470	3355	3430
480	531	728	759	1042	1056
692	664	1165	1144	1632	1596
214	204	359	351	506	491
769	763	1224	1220	1940	1943
238	235	378	375	602	598
1638	1783	2472	2565	3199	3234
507	549	762	787	993	995
160	160	171	171	152	151
50	49	53	52	47	46

tafel 5.
(ohne Druckausgleich).

24	25	22	23	20	21
31. 7.	31. 7.	29. 7.	29. 7.	29. 7.	29. 7.
79,3	79,7	80,1	80,0	78,8	79,6
3,49	3,49	5,02	5,02	7,00	7,00
1,012	1,012	1,007	1,007	1,007	1,007
3,45	3,45	4,98	4,98	6,95	6,95
schwach	stark	schwach	stark	schwach	stark
744,1	744,1	740,7	740,7	740,5	740,5
21,2	21,6	25,3	25,8	23,7	24,2
0,95	0,92	0,75	0,74	0,81	0,78
21,3	21,7	24,6	24,8	23,1	24,0
0,94	0,91	0,78	0,78	0,84	0,79
127,26	128,87	119,06	120,41	106,57	108,99
143,98	144,62	145,45	145,25	142,99	144,48
88,4	89,1	81,8	82,9	74,5	75,4
95,6	95,6	94,3	94,3	93,4	93,4
29,57	29,57	29,57	29,58	29,57	29,57
148,04	149,71	135,92	137,19	122,32	124,89
31,10	31,31	28,28	28,56	25,72	26,16
3,67	3,67	5,20	5,20	7,18	7,18
1,01	1,01	1,01	1,01	1,01	1,01
3,59	3,59	5,12	5,12	7,10	7,10
21,5	21,7	24,4	24,3	22,9	23,6
113,2 — 117,8	111,1 — 115,2	151,4 — 164,9	145,7 — 159,6	182,7 — 202,9	179,8 — 201,3
115,5	113,2	158,2	152,7	192,8	190,6
98,3	95,6	134,7	129,4	154,1	151,6
8,79	8,99	11,38	11,50	14,28	14,67
1,85	1,88	2,37	2,40	3,01	3,07
156,83	158,70	147,30	148,69	136,60	139,56
32,95	33,17	30,64	30,98	28,86	29,42

Zahlentafel 5.

	Nr. des Versuches			26	27
26*	Luftgewicht zu Ende ⎰ in der Stunde $G_0 + G_\varepsilon + G_{\varepsilon_1}$	kg		181,41	182,90
	der Kompression ⎱ bei 1000 Umdr.	»		37,45	37,90
27*	mittlere Lufttemperatur zu Ende des Saugens t_1	»		40,0	37,3
28*	desgl. zu Ende der Kompression t_2	»		113	110
29*	desgl. zu Ende des Ausschiebens t_3	»		92,5	88,6
30*	desgl. zu Ende der Expansion $t_4 \ldots (= t_8)$	»		88,9	84,9
31*	Mischungstemperatur der Restluft mit der Frischluft $t_m = \dfrac{G_\varepsilon T_8 + G_0 T_0}{G_0 + G_\varepsilon} - 273$	»		24,8	24,6
32	Temperaturerhöhung beim Ansaugen $t_1 - t_c$	»		18,3	15,7
33	desgl. bei der Kompression $t_2 - t_1$	»		73,0	72,7
34	Temperaturerniedrigung beim Ausschieben $t_2 - t_3$	»		20,5	21,4
35	desgl. bei der Expansion $t_3 - t_4$	»		3,6	3,7
36	Temperaturunterschied $t_v - t_c$	»		70,8	67,0
37*	Exponent der Kompressionslinie (mittlerer) m			1,30	1,30
38	desgl, zu Beginn — zu Ende der Kompression			1,34 — 1,26	1,34 — 1,26
39*	Exponent der Expansionslinie (aus Punkt 3 und 4 Fig. 17 ermittelt) m'			1,01	1,01
40	stündliche Kühlwassermenge ⎰	cbm		0,0361	0,1664
	⎱	kg		35,7	165,9
41	Temperatur des Kühlwassers ⎰ beim Eintritt	°C		18,0	16,9
42	⎱ beim Austritt	»		45,6	25,3
43	vom Kühlwasser anfgenommene ⎰ in der Stunde Q_m	WE		985	1393
	Warmemenge ⎱ bei 1000 Umdr.	»		203	289
44	Kühlwassermenge für 100 kg angesaugte Luft	kg/st		22,9	105,6
45	Indikatorfedermaßstab (angeblich) 1 kg/qcm ≡	mm		25	25
46	Diagrammaßstab 𝔐 vorn — hinten	»		25,20 — 24,80	25,20 — 24,80
47	mittlerer indizierter Druck ⎰ vorn — hinten	kg/qcm		1,12 — 1,13	1,11 — 1,13
	⎱ im Mittel p_i	»		1,13	1,12
48	indizierte Leistung N_i	PS		6,13	6,06
49	mittlerer Druck für isothermische Kompression von p_0 auf $p \ldots p_m$	kg/qcm		0,912	0,912
50	indizierter Wirkungsgrad η_i	vH		74,1	75,4
51	indizierte Förderleistung $V_0 : N_i$	cbm/PS		21,9	22,4
52*	Verhaltnis des mitt- ⎰ beim Ansaugen $p_{41} : p_i$			0,862	0,862
53*	leren Druckes zum ⎰ bei der Kompression $p_{12} : p_i$			0,724	0,724
54*	mittleren indizierten ⎰ beim Ausschieben $p_{23} : p_i$			1,182	1,182
55*	Drucke ⎱ bei der Expansion $p_{34} : p_i$			0,044	0,044
56	gesamte abgeführte ⎰ in der Stunde $- (Q_m + Q_s - Q_h)$	WE		1235	1315
	Warmemenge ⎱ bei 1000 Umdr.	»		255	273
57	während des Ansaugens zu- ⎰ in der Stunde Q_{41}	»		588	462
	gefuhrte Wärmemenge ⎱ bei 1000 Umdr.	»		121	96
58	während der Kompression ab- ⎰ i. der Stunde $- Q_{12}$	»		715	672
	geführte Wärmemenge ⎱ bei 1000 Umdr.	»		147	139
59	während des Ausschiebens ab- ⎰ i. der Stunde $- Q_{23}$	»		1275	1270
	geführte Wärmemenge ⎱ bei 1000 Umdr.	»		263	264
60	während der Expansion zu- ⎰ in der Stunde Q_{34}	»		167	165
	geführte Warmemenge ⎱ bei 1000 Umdr.	»		34	34

Zahlen-
Versuche mit dem Zylinder I

	Nr. des Versuches			18	19
1	Versuchstag 1903			27. 7.	27. 7.
2	Umdrehungszahl in der Minute n			106,3	106,9
3	Gegendruck im Luftkessel p	kg/qcm		2,50	2,50
4	atmosphärischer Druck p_0	»		1,017	1,017
5	Druckverhältnis $\dfrac{p}{p_0}$			2,46	2,46

Fortsetzung.

24	25	22	23	20	21
180,51	182,92	178,13	179,89	175,52	179,49
37,90	38,23	37,02	37,48	37,10	37,57
47,0	44,8	68,6	65,9	90,3	86,5
151	149	216	212	278	272
115,5	113,2	158,2	152,7	192,8	190,6
88,2	86,0	70,6	66,3	26,6	25,5
24,8	25,3	28,7	28,8	24,0	24,3
25,5	23,1	44,2	41,6	67,4	62,9
104,0	104,2	147,4	146,1	187,7	185,5
35,5	35,8	57,8	59,3	85,2	81,4
27,3	27,2	87,6	86,4	166,2	165,1
94,0	91,5	133,8	128,4	169,9	167,0
1,29	1,29	1,27	1,27	1,25	1,25
1,33 — 1,24	1,33 — 1,24	1,33 — 1,21	1,33 — 1,21	1,31 — 1,19	1,31 — 1,19
1,06	1,06	1,16	1,16	1,29	1,29
0,0512	0,2255	0,0927	0,3172	0,1170	0,4200
50,7	224,8	91,8	316,3	115,8	418,7
17,7	16,6	17,4	16,4	17,6	16,2
45,8	25,0	45,4	25,3	46,0	25,2
1423	1888	2570	2815	3290	3770
299	395	534	586	695	788
34,3	150,3	67,5	231,0	94,7	335,0
15	15	12	12	8	8
15,13 — 15,15	15,13 — 15,15	11,76 — 11,81	11,76 — 11,81	7,98 — 8,02	7,98 — 8,02
1,55 — 1,57	1,55 — 1,57	2,07 — 2,10	2,06 — 2,08	2,59 — 2,68	2,58 — 2,67
1,56	1,56	2,09	2,07	2,64	2,63
8,32	8,36	11,25	11,13	13,97	14,07
1,252	1,252	1,617	1,617	1,952	1,952
70,9	71,5	63,3	64,8	55,1	56,0
15,3	15,4	10,6	10,8	7,6	7,8
0,625	0,625	0,454	0,454	0,359	0,359
0,762	0,762	0,810	0,810	0,856	0,856
0,918	0,918	0,709	0,709	0,576	0,576
0,055	0,055	0,065	0,065	0,073	0,073
1935	2015	2770	2840	3875	3910
407	421	577	592	819	819
857	773	1470	1364	2233	2143
180	162	306	285	472	450
1090	1064	1763	1700	2641	2661
229	223	367	355	558	558
1952	1975	2771	2795	3709	3630
411	413	577	583	784	761
250	251	294	291	242	238
53	53	61	61	51	50

tafel 6.
(ohne Druckausgleich).

16	17	12	13	14	15
25. 7.	25. 7.	22. 7.	22. 7.	25. 7.	25. 7.
106,3	106,1	103,5	105,8	103,9	104,9
3,49	3,49	5,03	5,03	7,01	7,01
1,016	1,016	1,018	1,018	1,016	1,016
3,44	3,44	4,94	4,94	6,90	6,90

Zahlentafel 6.

	Nr. des Versuches		18	19
6	angewendete Kühlung		schwach	stark
7	Barometerstand, reduziert auf 0^0 C . . . . . mm Q.-S.		748,0	748,0
8	Temperatur t_0 . . . } der Luft vor der Luftuhr	^{0}C	21,8	22,7
9	relative Feuchtigkeit φ_0 }		0,89	0,83
10	Temperatur t' . . . } der Luft im Druckaus-	»	21,6	22,2
11	relative Feuchtigkeit φ' } gleichgefäß		0,90	0,86
12	angesaugte Luftmenge i. d. Std. (Luftuhrablesung) V_0	cbm	177,31	179,34
13	Hubraum in der Stunde $120\,n\,V$	»	193,06	194,05
14	Lieferungsgrad λ	vH	91,8	92,4
15*	volumetrischer Wirkungsgrad (aus dem Indikatordiagramm ermittelt) μ	»	96,7	96,7
16	Gaskonstante der angesaugten Luft (aus p_0, t_0, φ_0 ermittelt) R		29,56	29,56
17	angesaugtes Luftgewicht { in der Stunde G_0	kg	206,93	208,66
	{ bei 1000 Umdr.	»	32,40	32,50
18*	Druck zu Beginn der Expansion p_3	kg/qcm	2,73	2,73
19*	Druck zu Ende des Saugens p_1 $(= p_0)$	»	1,02	1,02
20*	Druck unter den Druckventilen p_v	»	2,60	2,60
21	Lufttemperatur vor dem Zylinder t_c	^{0}C	21,5	21,9
22	Lufttemperatur hinter den Druck- } vorn — hinten	»	96,9 — 101,6	93,5 — 98,1
	ventilen t_v } im Mittel	»	99,3	95,8
23	Lufttemperatur im Druckrohr	»	—	—
24*	Luftgewicht zu Beginn der { in der Stunde G_ε	kg	9,25	9,38
	Expansion { bei 1000 Umdr.	»	1,45	1,46
25*	Luftgewicht zu Ende { in der Stunde $G_0 + G_\varepsilon$	»	216,18	218,04
	des Saugens { bei 1000 Umdr.	»	33,84	34,11
26*	Luftgewicht zu Ende { in der Stunde $G_0 + G_\varepsilon + G_{\varepsilon_1}$	»	240,40	242,62
	der Kompression { bei 1000 Umdr.	»	37,65	37,80
27*	mittlere Lufttemperatur zu Ende des Saugens t_1	^{0}C	40,4	39,1
28*	desgl. zu Ende der Kompression t_2	»	111	110
29*	desgl. zu Ende des Ausschiebens t_3	»	99,3	95,8
30*	desgl. zu Ende der Expansion $t_4 \ldots (= t_8)$	»	92,0	88,6
31*	Mischungstemperatur der Restluft mit der Frischluft $t_m = \dfrac{G_\varepsilon T_8 + G_0 T_0}{G_0 + G_\varepsilon} - 273$	»	24,8	25,3
32	Temperaturerhöhung beim Ansaugen $t_1 - t_c$	»	18,9	17,2
33	desgl. bei der Kompression $t_2 - t_1$	»	70,6	70,9
34	Temperaturerniedrigung beim Ausschieben $t_2 - t_3$	»	11,7	14,2
35	desgl. bei der Expansion $t_3 - t_4$	»	7,3	7,2
36	Temperaturunterschied $t_c - t_c$	»	77,8	73,9
37*	Exponent der Kompressionslinie (mittlerer) m	»	1,29	1,29
38	desgl. zu Beginn — zu Ende der Kompression	»	1,33 — 1,25	1,33 — 1,25
39	Exponent der Expansionslinie (aus Punkt 3 und 4 Fig. 17) ermittelt) m'	»	1,02	1,02
40	stündliche Kühlwassermenge {	cbm	0,0440	0,2070
	{	kg	43,6	206,4
41	Temperatur des Kühlwassers { beim Eintritt	^{0}C	17,9	16,8
42	{ beim Austritt	»	45,4	25,3
43	vom Kühlwasser aufgenommene { in der Stunde Q_m	WE	1197	1754
	Wärmemenge { bei 1000 Umdr.	»	188	273
44	Kühlwassermenge für 100 kg angesaugte Luft	kg/st	21,1	98,9
45	Indikatorfedermaßstab (angeblich) 1 kg/qcm =	mm	25	25
46	Diagrammaßstab $\mathfrak{M}$ vorn — hinten	»	25,20 — 24,80	25,20 — 24,80
47	mittlerer indizierter Druck { vorn — hinten	kg/qcm	1,14 — 1,16	1,13 — 1,16
	{ im Mittel p_i	»	1,15	1,15
48	indizierte Leistung N_i	PS	8,23	8,27
49	mittlerer Druck für isothermische Kompression von p_0 auf $p \ldots p_m$	kg/qcm	0,914	0,914
50	indizierter Wirkungsgrad η_i	vH	72,9	73,4
51	indizierte Forderleistung $V_0 : N_i$	cbm/PS	21,5	21,7
52*	Verhältnis des mitt- { beim Ansaugen $p_{41} : p_i$		0,825	0,825
53*	leren Druckes zum { bei der Kompression $p_{12} : p_i$		0,699	0,699
54*	mittleren indizierten { beim Ausschieben $p_{23} : p_i$		1,170	1,170
55*	Drucke { bei der Expansion $p_{34} : p_i$		0,044	0,044

Fortsetzung.

16	17	12	13	14	15
schwach	stark	schwach	stark	schwach	stark
747,5	747,5	748,6	748,9	747,5	747,6
21,7	21,7	21,1	22,8	20,4	21,3
0,88	0,86	0,91	0,81	0,99	0,92
21,9	22,1	21,1	22,3	21,1	21,4
0,87	0,84	0,91	0,84	0,95	0,92
170,61	170,35	154,10	158,21	140,63	143,81
193,04	192,64	187,98	192,05	188,56	190,52
88,4	88,5	81,9	82,4	74,6	75,5
95,4	95,4	93,8	93,8	92,8	92,8
29,56	29,55	29,55	29,55	29,57	29,56
198,98	198,75	180,51	184,26	164,69	167,95
31,17	31,20	29,07	29,02	26,42	26,67
3,72	3,72	5,26	5,26	7,24	7,24
1,02	1,02	1,02	1,02	1,02	1,02
3,60	3,60	5,13	5,13	7,11	7,11
21,9	22,0	21,4	22,1	21,7	22,0
124,2 — 127,4	118,5 — 122,9	159,5 — 164,3	156,4 — 161,9	202,3 — 222,4	200,1 — 220,9
125,8	120,7	161,9	159,0	212,4	210,5
—	—	148,2	144,5	170,4	167,9
11,71	11,80	14,76	15,23	18,33	18,58
1,83	1,85	2,38	2,40	2,94	2,95
210,69	210,55	195,27	199,49	183,02	186,53
33,00	33,03	31,42	31,42	29,36	29,63
241,79	241,91	235,71	241,11	232,45	236,60
37,86	37,98	37,91	38,87	37,22	37,56
47,8	47,3	64,7	64,7	87,8	84,6
153	152	209	209	280	276
125,8	120,7	161,9	159,2	212,4	210,5
93,2	88,6	82,0	80,0	42,7	41,3
25,6	25,5	25,7	27,3	22,7	23,4
25,9	25,3	43,3	42,6	66,0	62,6
105,2	104,7	144,3	144,3	192,3	191,4
27,2	31,3	47,1	50,0	67,6	65,5
32,6	32,1	79,9	79,0	169,7	169,2
103,9	98,7	140,5	136,9	190,7	188,5
1,28	1,28	1,26	1,26	1,25	1,25
1,32 — 1,24	1,32 — 1,24	1,31 — 1,22	1,31 — 1,22	1,30 — 1,20	1,30 — 1,20
1,07	1,07	1,14	1,14	1,28	1,28
0,0722	0,2850	0,1043	0,3260	0,1387	0,4650
71,5	284,1	103,3	324,9	137,3	463,6
16,9	16,0	16,6	15,6	16,6	15,5
45,7	25,4	44,8	26,2	46,3	25,6
2060	2670	2913	3440	4075	4680
323	419	469	542	654	743
35,9	142,8	57,3	176,5	83,4	276,0
15	15	12	12	8	8
15,13 — 15,15	15,13 — 15,15	11,76 — 11,81	11,76 — 11,81	7,98 — 8,02	7,98 — 8,02
1,55 — 1,61	1,53 — 1,60	2,09 — 2,15	2,09 — 2,14	2,64 — 2,72	2,63 — 2,71
1,58	1,57	2,12	2,12	2,68	2,67
11,30	11,20	14,75	15,07	18,72	18,83
1,254	1,254	1,626	1,626	1,962	1,962
70,2	70,7	62,8	63,2	54,6	55,5
15,1	15,2	10,4	10,5	7,5	7,6
0,610	0,610	0,440	0,140	0,345	0,345
0,750	0,750	0,797	0,797	0,836	0,836
0,918	0,918	0,713	0,713	0,585	0,585
0,058	0,058	0,070	0,070	0,076	0,076

Zahlentafel 6.

Nr. des Versuches			18	19
56	gesamte abgeführte Wärmemenge	in der Stunde $-(Q_m + Q_s - Q_k)$ WE		1350	1533
		bei 1000 Umdr. . . . . . »		213	239
57	während des Ansaugens zugeführte Wärmemenge	in der Stunde Q_{41} . »		658	579
		bei 1000 Umdr. . . »		103	90
58	während der Kompression abgeführte Wärmemenge	i. der Stunde $-Q_{12}$ »		988	960
		bei 1000 Umdr. . »		155	149
59	während des Ausschiebens abgeführte Wärmemenge	i der Stunde $-Q_{23}$ »		1239	1372
		bei 1000 Umdr. . »		195	214
60	wahrend der Expansion zugeführte Wärmemenge	in der Stunde Q_{34} . »		219	220
		bei 1000 Umdr. . . »		34	34

Zahlen-
Versuche mit

Nr. des Versuches		40	41
1	Versuchstag 1903	19. 8.	19. 8.
2	Umdrehungszahl in der Minute n	54,1	54,2
3	Gegendruck im Luftkessel p . . . . kg/qcm	2,49	2,49
4	atmosphärischer Druck p_0 . . . . »	1,007	1,007
5	Druckverhältnis $\dfrac{p}{p_0}$	2,47	2,47
6	angewendete Kühlung	schwach	stark
7	Barometerstand, reduziert auf 0^0 C . . . . . mm Q.-S.	740,5	740,5
8	Temperatur t_0 . . . . } der Luft vor der Luftuhr $\quad {}^0$C	20,8	20,7
9	relative Feuchtigkeit φ_0 }	0,97	0,98
10	Temperatur t' . . . } der Luft im Druckaus- »	21,4	21,3
11	relative Feuchtigkeit φ' } gleichgefaß	0,93	0,94
12	angesaugte Luftmenge i. d. Std. (Luftuhrablesung) V_0 cbm	34,07	34,60
13	Hubraum in der Stunde $60\,nV$ . . . . »	37,08	37,11
14	Lieferungsgrad λ . . . . vH	91,9	93,2
15	volumetrischer Wirkungsgrad (aus dem Indikatordiagramm ermittelt) μ . . . . »	94,5	94,5
16	Gaskonstante der angesaugten Luft (aus p_0, t_0, φ_0 ermittelt) R	29,57	29,57
17	angesaugtes Luftgewicht { in der Stunde G_0 . kg	39,49	40,12
	{ bei 1000 Umdr. . . . »	12,16	12,34
18	Druck zu Beginn der Expansion p_3 . . . . . kg/qcm	2,69	2,69
19	Druck zu Ende des Saugens p_1 . . . . . . »	0,96	0,96
20	Lufttemperatur vor dem Zylinder t_c . . . . , ^{0}C	21,3	21,0
21	Lufttemperatur hinter dem Druckventil (Austrittstemperatur) t_v . . . . ^{0}C	82,5	75,0
22	Luftgewicht zu Beginn der { in der Stunde G_ε . kg	0,47	0,48
	Expansion { bei 1000 Umdr. . . »	0,14	0,15
23	Luftgewicht zu Ende { in der Stunde $G_0 + G_\varepsilon$ . . »	39,96	40,60
	des Saugens { bei 1000 Umdr. . . . . »	12,30	12,48
24	mittlere Lufttemperatur zu Ende des Saugens t_1 . . ^{0}C	28,7	24,4
25	desgl. zu Ende der Kompression t_2 . . . . . . »	116	110
26	desgl. zu Ende des Ausschiebens t_3 . . . . . . »	82,5	75,0
17	desgl. zu Ende der Expansion t_4 (mit $m' = 1,20$) . »	26,3	20,0
28	desgl. beim Erreichen des Ansaugedruckes t_8 (mit $m' = 1,20$) . . . . »	28,8	22,4
29	Mischungstemperatur der Restluft mit der Frischluft $t_m = \dfrac{G_\varepsilon T_8 + G_0 T_0}{G_0 + G_\varepsilon} - 273$ . . . . »	20,9	20,7
30	Temperaturerhöhung beim Ansaugen $t_1 - t_c$ . . . »	7,4	3,4
31	desgl. bei der Kompression $t_2 - t_1$ . . . . . . »	87,3	85,6
32	Temperaturerniedrigung beim Ausschieben $t_2 - t_3$. »	33,5	35,0
33	desgl. bei der Expansion $t_3 - t_4$ . . . . »	56,2	55,0

Schluß.

16	17	12	13	14	15
2200	2390	3260	3500	4330	4340
345	375	525	551	695	689
1092	1048	1725	1730	2720	2615
171	165	278	272	435	414
1445	1401	2314	2334	3336	3316
226	220	373	367	535	526
2199	2386	3126	3361·	4085	4009
345	375	503	529	655	636
352	349	455	465	371	370
55	55	73	73	60	59

tafel 7.
dem Zylinder II.

38	39	36	37	1	2	42	43
19. 8.	19. 8.	17. 8.	17. 8.	9. 7.	11. 7.	21. 8.	21. 8.
53,9	54,1	54,1	55,4	53,7	53,8	54,3	54,3
3,48	3,48	5,02	5,02	7,07	7,07	9,01	9,01
1,007	1,007	1,013	1,013	1,017	1,019	1,011	1,011
3,46	3,46	4,96	4,96	6,95	6,94	8,91	8,91
schwach	stark	schwach	stark	schwach	stark	schwach	stark
740,5	740,5	745,0	745,0	748,4	749,2	743,9	743,9
20,6	20,5	20,9	21,2	20,3	20,9	19,9	21,3
0,96	0,99	0,98	0,98	[0,90]	[0,90]	0,97	0,92
21,0	21,3	21,4	21,9	—	—	20,1	21,4
0,94	0,94	0,95	0,94	—	—	0,96	0,91
33,30	34,01	32,50	34,12	31,38	32,45	30,96	31,80
36,92	37,06	37,07	37,96	36,83	36,87	37,22	37,22
90,2	91,8	87,7	89,9	85,2	88,0	83,2	85,4
94,0	94,0	93,3	93,3	91,4	91,4	90,2	90,2
29,56	29,57	29,57	29,58	29,54	29,55	29,55	29,56
38,64	39,46	37,88	39,72	36,83	38,07	36,16	36,96
11,95	12,15	11,67	11,95	11,44	11,78	11,10	11,35
3,68	3,68	5,22	5,22	7,27	7,27	9,21	9,21
0,96	0,96	0,96	0,96	0,97	0,97	0,96	0,96
21,2	21,1	21,6	21,8	—	—	20,3	21,8
101,0	90,1	123,8	107,0	135,1	124,3	149,7	137,0
0,61	0,64	0,82	0,88	1,11	1,14	1,37	1,41
0,19	0,20	0,25	0,27	0,34	0,35	0,42	0,43
39,25	40,10	38,70	40,60	37,94	39,21	37,53	38,73
12,14	12,35	11,92	12,22	11,78	12,14	11,52	11,89
33,0	27,4	40,2	32,5	46,2	37,7	50,5	43,8
157	149	204	193	247	232	291	279
101,0	90,1	123,8	107,9	135,1	124,3	149,7	137,0
25,8	17,2	26,4	14,5	18,5	10,8	17,0	8,3
28,3	19,6	29,0	16,9	21,0	13,4	19,5	10,7
20,7	20,5	21,1	21,1	20,3	20,6	19,9	20,9
11,8	6,3	18,6	10,7	—	—	30,2	22,0
124,0	121,6	163,8	160,5	200,8	194,3	240,5	235,2
56,0	58,9	80,2	85,1	111,9	107,7	141,3	142,0
75,2	72,9	97,4	93,4	116,6	113,5	132,7	128,7

Zahlentafel 7.

Nr.	Nr. des Versuches			40	41
34	Temperaturunterschied $t_v - t_c$		^{0}C	61,2	54,0
35	Exponent der Kompressionslinie (mittlerer) m			1,35	1,35
36	desgl. zu Beginn — zu Ende der Kompression			1,40 — 1,30	1,40 — 1,30
37	stündliche Kühlwassermenge	im Kolben und Mantel	cbm	0,0278	0,0692
			kg	27,7	69,0
		im Zylinderkopf	cbm	0,0147	0,0380
			kg	14,6	37,9
		im Ganzen	cbm	0,0425	0,1072
			kg	42,3	106,9
38	Temperatur des Kühlwassers	im Kolben und Mantel beim Eintritt	^{0}C	17,9	17,2
39		beim Austritt	»	30,9	24,9
40		im Zylinderkopf beim Eintritt	»	17,9	17,2
41		beim Austritt	»	34,6	26,1
42	vom Kühlwasser aufgenommene Wärmemenge	in der Stunde Q_m	WE	604	868
		bei 1000 Umdr.	»	186	267
43	Kühlwassermenge für 100 kg angesaugte Luft		kg/st	107,0	266,7
44	Indikatorfedermaßstab (angeblich) 1 kg/qcm $\equiv$		mm	25	25
45	Diagrammaßstab $\mathfrak{M}$		»	24,80	24,80
46	mittlerer indizierter Druck p_i		kg/qcm	1,17	1,16
47	indizierte Leistung N_i		PS	1,61	1,59
48	mittlerer Druck für isothermische Kompression von p_0 auf $p \ldots p_m$		kg/qcm	0,910	0,910
49	indizierter Wirkungsgrad η_i		vH	71,5	73,1
50	indizierte Förderleistung $V_0 : N_i$		cbm/PS	21,2	21,7
51	Verhaltnis des mittleren Druckes zum mittleren indizierten Druck	bei der Kompression $p_{12} : p_i$		0,665	0,665
52		beim Ausschieben $p_{23} : p_i$		1,169	1,169
53	gesamte abgeführte Wärmemenge $-(Q_m + Q_s - Q_k)$	in der Stunde	WE	441	489
		bei 1000 Umdr.	»	136	151
54	während des Ansaugens zugeführte Warmemenge Q_{41}	in der Stunde	»	82	38
		bei 1000 Umdr.	»	25,3	11,7
55	während der Kompression abgeführte Wärmemenge $-Q_{12}$	i. der Stunde	»	82	77
		bei 1000 Umdr.	»	25,3	23,7
56	während des Ausschiebens abgeführte Warmemenge $-Q_{23}$	i. der Stunde	»	446	455
		bei 1000 Umdr.	»	137,5	140,5
57	während der Expansion zugeführte Wärmemenge Q_{34}	in der Stunde	»	4,7	4,7
		bei 1000 Umdr.	»	1,5	1,5

Zahlen-
Versuche mit

Nr.	Nr. des Versuches			34	35
1	Versuchstag		1903	7. 8.	7. 8.
2	Umdrehnngszahl in der Minute n			80,3	81.2
3	Gegendruck im Luftkessel p		kg/qcm	2,50	2.50
4	atmosphärischer Druck p_0		»	1,021	1,021
5	Druckverhältnis $\dfrac{p}{p_0}$			2,45	2,45
6	angewendete Kühlung			schwach	stark
7	Barometerstand, reduziert auf 0^0 C		mm Q.-S.	750,9	750,9
8	Temperatur t_0 der Luft vor der Luftuhr		^{0}C	20,7	21,1
9	relative Feuchtigkeit q_0			0,91	0,88
10	Temperatur t' der Luft im Druckausgleichgefäß		»	20,8	21,2
11	relative Feuchtigkeit q'			0,90	0,87
12	angesaugte Luftmenge i. d. Std. (Luftuhrablesung) V_0		cbm	51,11	52,17
13	Hubraum in der Stunde $60\,n\,V$		»	55,04	55,63
14	Lieferungsgrad λ		vH	92,9	93,8
15	volumetrischer Wirkungsgrad (aus dem Indikatordiagramm ermittelt) μ		»	93,9	93,9

Fortsetzung.

38	39	36	37	1	2	42	43
79,8	69,0	102,2	86,1	—	—	129,4	115,2
3,34	1,34	1,33	1,33	1,33	1,33	1,32	1,32
1.40 — 1,29	1,40 — 1,29	1,41 — 1,27	1,41 — 1,27	1,41 — 1,25	1,41 — 1,25	1,42 — 1,24	1,42 — 1,24
0,0233	0,1060	0,0149	0,0569	0,0202	0,1223	0,0191	0,1167
23,2	105,7	14,8	56,8	20,1	122,0	18,9	116,4
0,0143	0,0540	0,0128	0,0767	0,0333	0,1035	0,0305	0,1155
14,2	53,8	12,7	76,4	33,0	103,2	30,2	115,1
0,0376	0,1600	0,0277	0,1336	0,0535	0,2258	0,0496	0,2322
37,4	159,5	27,5	133,2	53,1	225,2	49,1	231,5
18,1	16,6	19,1	17,2	17,2	15,5	17,4	16,1
31,9	23,2	35,3	24,0	33,2	21,9	33,0	23,5
18,1	16,6	19,1	17,2	17,2	15,5	17,4	16,1
38,0	25,8	43,7	26,7	39 5	24,7	44,1	26,8
603	1193	552	1112	1057	1730	1101	2094
187	368	170	334	328	536	338	643
96,8	404,5	72,6	335,5	144,2	59,2	135,7	626,0
15	15	12	12	8	8	6	6
15,14	15 14	11,81	11,81	7,98	7,98	5,98	5,98
1,56	1,56	2,03	2,04	2,51	2,50	2,90	2,90
2,13	2,14	2,79	2,87	3,43	3,41	4,00	4,00
1,249	1,249	1,622	1,622	1,972	1,974	2,212	2,212
72,2	73,6	70,1	71,5	66,9	69,4	63,4	65,1
15,6	15,9	11,7	11,9	9,2	9,5	7,7	8,0
0,709	0,709	0,737	0,737	0,756	0,756	0,763	0,763
0,913	0,913	0,759	0,759	0,650	0,650	0,595	0,595
610	705	841	1002	1162	1220	1415	1518
189	217	259	301	361	378	435	466
115	68	197	135	256	167	306	231
35,6	21,0	60,8	40,6	79,5	51,8	93,9	70,9
125	129	219	225	340	330	393	378
38,7	39,8	67,5	67,7	105,5	102,2	120,6	116,0
608	652	833	926	1101	1080	1360	1403
188,4	200,7	256,6	278,1	342,1	334,7	418,1	430,7
8,2	8,2	14,2	14,5	22,9	22,9	32,2	32,1
2,5	2,5	4,3	4,2	7,1	7,1	9,8	9,8

tafel 8.
dem Zylinder II.

32	33	30	31	28	29	78	79
6. 8.	6. 8.	6. 8.	6. 8.	5. 8.	5. 8.	12. 9.	12. 9.
81,1	81,1	80,3	80,9	80,7	81,0	79,6	79,9
3,50	3,50	5,03	5,03	7,07	7,07	9,01	9,01
1,021	1,021	1,021	1,021	1,016	1,016	1,007	1,007
3,42	3,42	4,93	4,93	6,95	6,95	8,94	8,94
schwach	stark	schwach	stark	schwach	stark	schwach	stark
750,6	750,6	750,6	750,6	747,4	747,4	740,3	740,3
21,6	21,9	20,6	21,0	22,0	22,1	18,6	19,1
0,85	0,84	0,92	0,89	0,86	0,87	1,01	0,98
21,7	22,1	20,6	21,2	21,7	22,2	19,4	19,8
0,85	0,83	0,92	0,88	0,88	0 86	0,96	0,94
50,54	51,36	49,03	50,29	47,84	49,00	45,90	47,14
55,60	55,60	55,00	55,43	55,32	55,54	54,57	54,74
90,9	92,4	89,2	90,7	86,5	88,2	84,1	86,1
93,4	93,4	92,8	92,8	92,3	92,3	91,2	91,2

Zahlentafel 8.

	Nr. des Versuches		34	35
16	Gaskonstante der angesaugten Luft (aus p_0, t_0, q_0 ermittelt) R		29,55	29,54
17	angesaugtes Luftgewicht { in der Stunde G_0	kg	60,13	61,31
	{ bei 1000 Umdr.	»	12,47	12,59
18	Druck zu Beginn der Expansion p_3	kg/qcm	2,70	2,70
19	Druck zu Ende des Saugens p_1	»	0,97	0,97
20	Lufttemperatur vor dem Zylinder t_c	^{0}C	20,8	21,2
21	Lufttemperatur hinter dem Druckventil (Austrittstemperatur) t_r	»	88,3	83,3
22	Luftgewicht zu Beginn der Expansion { in der Stunde G_z	kg	0,70	0,71
	{ bei 1000 Umdr.	»	0,14	0,15
23	Luftgewicht zu Ende des Saugens { in der Stunde $G_0 + G_z$	»	60,83	62,02
	{ bei 1000 Umdr.	»	12,62	12,74
24	mittlere Lufttemperatur zu Ende des Saugens t_1	^{0}C	25,7	23,2
25	desgl. zu Ende der Kompression t_2	»	109	106
26	desgl. zu Ende des Ausschiebens t_3	»	88,3	83,3
27	desgl. zu Ende der Expansion t_4 (mit $m' = 1,20$)	»	31,7	27,5
28	desgl bei Erreichen des Ansaugedruckes t_8 (mit $m' = 1,20$)	»	34,2	30,0
29	Mischungstemperatur der Restluft mit der Frischluft $t_m = \dfrac{G_z\,T_8 + G_0\,T_0}{G_0 + G_z} - 273$	»	20,9	21,2
30	Temperaturerhöhung beim Ansaugen $t_1 - t_c$	»	4,9	2,0
31	desgl. bei der Kompression $t_2 - t_1$	»	83,3	82,8
32	Temperaturerniedrigung beim Ausschieben $t_2 - t_3$	»	20,7	22,7
33	desgl bei der Expansion $t_3 - t_4$	»	56,6	55,8
34	Temperaturunterschied $t_v - t_c$	»	67,5	62,1
35	Exponent der Kompressionslinie (mittlerer) m	»	1,35	1,35
36	desgl. zu Beginn — zu Ende der Kompression	»	1,41 — 1,29	1,41 — 1,29
37	stündliche Kühlwassermenge { im Kolben und Mantel	cbm	0,0428	0,1090
		kg	42,6	108,7
	{ im Zylinderkopf	cbm	0,0212	0,0521
		kg	21,1	51,9
	{ im ganzen	cbm	0,0640	0,1611
		kg	63,7	160,6
38	Temperatur des Kühlwassers { im Kolben und Mantel { beim Eintritt	^{0}C	18,3	16,7
39	{ beim Austritt	»	32,2	25,2
40	{ im Zylinderkopf { beim Eintritt	»	18,3	16,7
41	{ beim Austritt	»	34,9	26,1
42	vom Kühlwasser aufgenommene Wärmemenge { in der Stunde Q_m	WE	942	1412
	{ bei 1000 Umdr.	»	196	290
43	Kühlwassermenge für 100 kg angesaugte Luft	kg/st	106,0	262,0
44	Indikatorfedermaßstab (angeblich) 1 kg/qcm $\equiv$	mm	25	25
45	Diagrammaßstab $\mathfrak{M}$	»	24,80	24,80
46	mittlerer indizierter Druck p_i	kg/qcm	1,23	1,23
47	indizierte Leistung N_i	PS	2,51	2,53
48	mittlerer Druck für isothermische Kompression von p_0 auf $p \ldots p_m$	kg/qcm	0,915	0,915
49	indizierter Wirkungsgrad η_i	vH	69,1	69,8
50	indizierte Förderleistung $V_0 : N_i$	cbm/PS	20,3	20,6
51	Verhältnis des mittleren Druckes zum mittleren indizierten Druck { bei der Kompression $p_{12} : p_i$		0,629	0,629
52	{ beim Ausschieben $p_{23} : p_i$		1,157	1,157
53	gesamte abgeführte Wärmemenge { in der Stunde $-(Q_m + Q_s - Q_h)$	WE	616	692
	{ bei 1000 Umdr.	»	128	142
54	während des Ansaugens zugeführte Wärmemenge { in der Stunde Q_{41}	»	61	13
	{ bei 1000 Umdr.	»	12,7	2,7
55	während der Kompression abgeführte Wäsmemenge { i. der Stunde $-Q_{12}$	»	134	131
	{ bei 1000 Umdr.	»	27,8	26,9
56	während des Ausschiebens abgeführte Wärmemenge { i. der Stunde $-Q_{23}$	»	550	581
	{ bei 1000 Umdr.	»	114,3	119,2
57	während der Expansion zugeführte Wärmemenge { in der Stunde Q_{34}	»	7,0	7,1
	{ bei 1000 Umdr.	»	1,4	1,4

Fortsetzung.

32	33	30	31	28	29	78	79
29,54	29,55	29,55	29,55	29,55	29,56	29,55	29,55
59,30	60,18	57,70	59,10	55,76	57,07	53,64	55,00
12,19	12,37	11,97	12,17	11,51	11,74	11,23	11,47
3,70	3,70	5,23	5,23	7,27	7,27	9,21	9,21
0,97	0,97	0,97	0,97	0,97	0,97	0,96	0,96
21,8	22,3	20,9	21,2	22,4	22,5	19,7	20,0
112,1	104,0	134,7	125,7	157,4	148,1	170,4	160,8
0,91	0,92	1,19	1,23	1,58	1,62	1,92	1,97
0,19	0,19	0,25	0,25	0,33	0,33	0,40	0,41
60,20	61,10	58,89	60,33	57,34	58,69	55,56	56,97
12,37	12,55	12,22	12,43	11,84	12,08	11,63	11,88
31,9	27,4	35,4	30,5	43,9	38,0	46,7	39,7
153	146	196	188	245	236	286	274
112,1	104,0	134,7	125,7	157,4	148,1	170,4	160,8
35,1	28,7	34,8	28,2	34,3	27,7	31,1	24,5
37,8	31,2	37,6	30,7	37,1	30,4	33,6	27,0
21,8	22,0	21,0	21,2	22,4	22,3	19,1	19,4
10,1	5,1	14,5	9,3	21,5	15,5	27,0	19,7
121,1	118,6	160,6	157,5	201,1	198,0	239,3	234,3
40,9	42,0	61,3	62,3	87,6	87,9	115,6	113,2
77,0	75,3	99,9	97,5	123,1	120,4	139,3	136,3
90,3	81,7	113,8	104,5	135,0	125,6	150,7	140,8
1,34	1,34	1,33	1,33	1,33	1,33	1,33	1,33
1,41 — 1,28	1,41 — 1,28	1,41 — 1,26	1,41 — 1,26	1,42 — 1,25	1,42 — 1,25	1,42 — 1,24	1,42 — 1,24
0,0398	0,1573	0,0392	0,1480	0,0335	0,1093	0,0425	0,1700
39,6	156,9	39,0	147,6	33,3	109,0	42,3	169,6
0,0148	0,0763	0,0255	0,0875	0,0354	0,1145	0,0365	0,1715
14,7	76,1	25,3	87,2	35,1	114,1	36,1	171,0
0,5460	0,2336	0,0647	0,2355	0,0689	0,2238	0,0790	0,3415
54,3	233,0	64,3	234,8	68,4	223,1	78,4	340,6
17,6	16,3	17,3	15,9	17,2	16,2	16,6	15,8
32,0	23,0	33,6	22,9	35,3	25,8	33,7	22,4
17,6	16,3	17,3	15,9	17,2	16,2	16,6	15,8
40,1	25,8	42,2	27,1	44,6	28,0	45,7	25,9
901	1775	1266	2010	1565	2392	1774	2846
185	365	263	414	323	492	372	593
91,6	387,0	111,4	397,3	122,7	391,0	146,3	619,0
15	15	12	12	8	8	6	6
15,14	15,14	11,81	11,81	8,02	8,02	5,98	5,98
1,63	1,62	2,10	2,09	2,54	2,53	2,92	2,92
3,36	3,33	4,28	4,29	5,20	5,20	5,90	5,92
1,257	1,257	1,628	1,628	1,970	1,970	2,206	2,206
70,1	71,7	69,2	70,7	67,1	68,7	63,5	65,0
15,1	15,4	11,5	11,7	9,2	9,4	7,8	8,0
0,673	0,673	0,707	0,707	0,740	0,740	0,760	0,760
0,930	0,930	0,795	0,795	0,670	0,670	0,595	0,595
845	932	1139	1240	1490	1578	1807	1897
174	192	237	256	308	325	378	395
148	66	288	212	350	267	399	312
30,5	13,6	59,8	43,7	72,3	55,0	83,6	65,0
187	181	301	298	467	450	572	570
38,5	37,2	62,5	61,4	96,5	92,6	119,7	118,8
818	829	1147	1175	1408	1430	1682	1687
168,5	170,9	238,6	242,6	291,6	294,6	351,9	351,2
12,3	12,4	21,1	21,2	34,4	34,6	47,3	47,5
2,5	2,5	4,3	4,3	7,2	7,2	10,0	10,0

Zahlen-
Versuche mit

	Nr. des Versuches		10	11
1	Versuchstag 1903		20. 7.	20. 7.
2	Umdrehungszahl in der Minute n		108,0	107,5
3	Gegendruck im Luftkessel p . . .	kg/qcm	2,49	2,49
4	atmosphärischer Druck p_0	»	1,014	1,014
5	Druckverhältnis $\dfrac{p}{p_0}$		2,46	2,46
6	angewendete Kühlung		schwach	stark
7	Barometerstand, reduziert auf 0^0 C . . .	mm Q.-S.	746,1	746,1
8	Temperatur t_0 . . . $\big\}$ der Luft vor der Luftuhr	^{0}C	23,7	23,8
9	relative Feuchtigkeit φ_0		0,88	0,87
10	Temperatur t' . . . $\big\}$ der Luft im Druckaus-	»	23,6	23,7
11	relative Feuchtigkeit φ' gleichgefäß		0,88	0,87
12	angesaugte Luftmenge i. d. Std. (Luftuhrablesung) V_0	cbm	69,07	69,62
13	Hubraum in der Stunde $60\,n\,V$	»	74,05	73,61
14	Lieferungsgrad λ	vH	93,3	94,5
15	volumetrischer Wirkungsgrad (aus dem Indikator- diagramm ermittelt) u	»	93,5	93,5
16	Gaskonstante der angesaugten Luft (aus p_0, t_0, φ_0 er- mittelt) R		29,59	29,59
17	angesaugtes Luftgewicht $\big\{$ in der Stunde G_0 . .	kg	79,78	80,38
	$\big($ bei 1000 Umdr. . .	»	12,31	12,45
18	Druck zu Beginn der Expansion p_3	kg/qcm	2,69	2,69
19	Druck zu Ende des Saugens p_1	»	0,96	0,96
20	Lufttemperatur vor dem Zylinder t_c	^{0}C	23,8	23,8
21	Lufttemperatur hinter dem Druckventil (Austrittstem- temperatur) t_v	»	99,1	92,0
22	Luftgewicht zu Beginn der $\big\{$ in der Stunde G_ε . .	kg	0,90	0,92
	Expansion $\big($ bei 1000 Umdr. .	»	0,14	0,14
23	Luftgewicht zu Ende $\big\{$ in der Stunde $G_0 + G_\varepsilon$.	^	80,68	81,30
	des Saugens $\big($ bei 1000 Umdr. . . .	»	12,45	12,60
24	mittlere Lufttemperatur zu Ende des Saugens t_1 . .	^{0}C	27,3	24,0
25	desgl. zu Ende der Kompression t_2 . .	^	116	112
26	desgl. zu Ende des Ausschiebens t_3	»	99,1	92,0
27	desgl. zu Ende der Expansion t_4 (mit $m' = 1,20$) .	»	40,7	34,6
28	desgl. bei Erreichen des Ansaugedruckes t_8 (mit $m' = 1,20$)	»	43,3	37,2
29	Mischungstemperatur der Restluft mit der Frischluft $t_m = \dfrac{G_\varepsilon\,T_8 + G_0\,T_0}{G_0 + G_\varepsilon} - 273$	»	23,9	24,0
30	Temperaturerhöhung beim Ansaugen $t_1 - t_c$ . .	»	3,5	0,2
31	desgl. bei der Kompression $t_2 - t_1$ . .	»	88,7	88,0
32	Temperaturerniedrigung beim Ausschieben $t_2 - t_3$.	»	16,9	20,0
33	desgl bei der Expansion $t_3 - t_4$	»	58,4	57,4
34	Temperaturunterschied $t_1 - t_c$ . . .	»	75,3	68,2
35	Exponent der Kompressionslinie (mittlerer) m . .	»	1,34	1,34
36	desgl. zu Beginn — zu Ende der Kompression .	»	1,40 — 1,29	1,10 — 1,29
37	stündliche Kühlwasser- menge $\Big\{$ im Kolben und Mantel	cbm	0,0363	0,1445
		kg	36,1	144,0
	im Zylinderkopf .	cbm	0,0214	0,0703
		kg	21,2	70,1
	im ganzen . .	cbm	0,0577	0,2148
		kg	57,3	214,1
38	Temperatur des Kühlwassers $\Big\{$ im Kolben und Mantel $\big\{$ beim Eintritt	^{0}C	17,3	15,7
39	beim Austritt .	^	36,0	25,6
40	im Zylinderkopf $\big\{$ beim Eintritt .	»	17,3	15,7
41	beim Austritt .	»	38,7	26,0
42	vom Kühlwasser aufgenommene $\big\{$ in der Stunde Q_m	WE	1129	2148
	Wärmemenge $\big($ bei 1000 Umdr .	»	174	333
43	Kühlwassermenge für 100 kg angesaugte Luft	kg/st	71,8	266,3
44	Indikatormaßstab (angeblich) 1 kg/qcm — . .	mm	15	15
45	Diagrammaßstab $\mathfrak{M}$	»	15,20	15,20

tafel 9.
dem Zylinder II.

8	9	6	7	4	5	76	77
20 7.	20. 7.	16. 7.	16. 7.	15. 7.	15 7.	11. 9	11. 9
106,6	106,7	105,6	105,9	103,8	106,6	106,1	106,0
3,49	3,49	5,03	5,03	7,07	7,07	9,00	9,00
1,014	1,014	1,016	1,016	1,019	1,017	0,998	0,998
3,45	3,45	4,95	4,95	6,94	6,95	9,02	9,02
schwach	stark	schwach	stark	schwach	stark	schwach	stark
745,5	745,5	747,5	747,6	749,6	747,8	733,8	733,8
22,6	22,5	22,8	24,4	21,2	22,7	18,9	20,6
0,94	0,95	[0,90]	[0,90]	[0,90]	[0,90]	1,02	0,93
23,1	23,1	—	—	—	—	19,9	20,7
0,91	0,91	—	—	—	—	0,96	0,92
67,43	68,21	64,79	65,95	62,00	65,01	62,17	63,47
73,03	73,11	72,35	72,56	71,12	73,07	72,74	72,68
92,3	93,3	89,6	90,9	87,2	89,1	85,5	87,3
93,0	93,0	91,0	91,0	90,2	90,2	92,5	92,5
29,59	29,59	29,58	29,61	29,55	29,58	29,55	29,56
78,17	79,10	75,23	76,09	72,67	75 59	71,93	72,99
12,22	12,36	11,87	11,97	11,66	11,82	11,29	11,47
3,69	3,69	5,23	5,23	7,27	7,27	9,20	9,20
0,96	0,96	0,97	0,97	0,97	0,97	0,95	0,95
23,2	23,2	—	—	—	—	20,0	20,0
118,5	112,5	145,5	138,3	167,9	162,1	186,3	178,5
1,16	1,18	1,53	1,56	1,98	2,05	2,48	2,52
0,18	0,18	0,24	0,25	0,32	0,32	0,39	0,40
79,33	80,28	76,76	77,65	74,65	77,64	74,41	75,51
12,40	12,54	12,11	12,22	11,98	12,13	11,68	11,87
28,4	25,3	36,3	33,2	41,0	35,7	42,3	37,3
150	146	200	195	241	234	284	273
118,5	112,5	145,5	138,3	167,9	162,1	186,3	178,5
40,0	35,3	42,8	37,5	41,9	37,9	41,6	36,2
42,7	37,9	45,5	40,0	44,8	40,6	44,2	38,8
22,9	22,7	23,4	24,7	21,8	23,2	19,7	21,3
5,2	2,1	—	—	—	—	22,3	16,3
121,6	120,7	163,7	161,8	200,0	198,3	241,7	237,7
31,5	33,5	54,5	56,7	73,1	71,9	97,7	96,5
78,5	77,2	102,7	100,8	126,0	124,2	144,7	142,3
95,3	89,3	—	—	—	—	166,3	157,5
1,34	1,34	1,34	1,34	1,34	1,34	1,33	1,33
1,10 — 1,27	1,40 - 1,27	1,43 — 1,26	1,13 — 1,26	1 43 — 1,24	1,43 — 1,24	1,42 — 1,24	1,42 — 1,24
0,0467	0,2170	0,0487	0,2030	0,0462	0 1950	0,0615	0,2040
46,4	216,5	48,4	202,5	45,9	194,5	61,1	203,5
0,0376	0,1066	0,0340	0,1243	0 0438	0,1313	0,0445	0,1713
37,4	106,3	33,7	123,9	43,4	130,8	44,0	170,7
0,0843	0,3236	0,0827	0,3273	0,0900	0,3263	0,1060	0,3753
83,8	322,8	82,1	326,4	89,3	325,3	105,1	374,2
16,8	15,4	17,2	15,8	17,4	15,7	16,6	15,9
34,7	22,6	34,5	22,9	35,7	23,5	35,6	23,4
16,8	15,4	17,2	15,8	17,4	15,7	16,6	15,9
36,7	24,8	42,6	25,1	43,5	27,0	46,6	26,4
1575	2558	1694	2628	1973	2995	2481	3319
247	400	268	414	317	469	390	522
107.2	408,5	109,0	429,0	123,0	430,5	146,2	512,5
15	15	10	10	8	8	6	6
15,14	15,14	9,66	9,66	7,98	7,98	5,98	5,98

4*

Zahlentafel 9.

	Nr. des Versuches		10	11
46	mittlerer indizierter Druck p_i . . . kg/qcm		1,25	1,25
47	indizierte Leistung N_i . . . . PS		3,43	3,41
48	mittlerer Druck für isothermische Kompression von p_0 auf p . . . p_m . . . . kg/qcm		0,913	0,913
49	indizierter Wirkungsgrad η_i . . . . vH		68,1	69,0
50	indizierte Forderleistung $V_0 : N_i$ . . . . . . cbm/PS		20,1	20,4
51	Verhältnis des mittle- ren Druckes zum mitt- leren indizierten Druck { bei der Kompression $p_{12} : p_i$		0,619	0,619
52		beim Ausschieben $p_{23} : p_i$.	1,158	1,158
53	gesamte abgefuhrie Warmemenge { in der Stunde $-(Q_m + Q_s - Q_k)$ WE		732	846
		bei 1000 Umdr. . . . . »	113	131
54	wahrend des Ansaugens zu- gefuhrte Warmemenge { in der Stunde Q_{41} . »		75	4
		bei 1000 Umdr . . »	11,6	0,6
55	wahrend der Kompression ab- gefuhrte Warmemenge { i. der Stunde $- Q_{12}$ »		123	114
		bei 1000 Umdr. . »	19,0	17,7
56	wahrend des Ausschiebens ab- gefuhrte Warmemenge { i. der Stunde $- Q_{23}$ »		693	745
		bei 1000 Umdr. . »	107,0	115,3
57	wahrend der Expansion zu- gefuhrte Warmemenge { in der Stunde Q_{34} . »		9,4	9,4
		bei 1000 Umdr. . . »	1,4	1,4

Zahlen-

Versuche mit dem Zylinder I

	Nr. des Versuches		54	55
1	Versuchstag 1903		28. 8.	28. 8.
2	Umdrehungszahl in der Minute n		54,9	54,9
3	Gegendruck im Luftkessel p . . . kg/qcm		2,50	2,50
4	atmospharischer Druck p_0 »		1,020	1,020
5	Druckverhaltnis $\dfrac{p}{p_0}$ . . .		2,45	2,45
6	angewendete Kuhlung		schwach	stark
7	Barometerstand, reduziert auf 0^0 C . . . . mm Q.-S.		750,4	750,4
8	Temperatur t_0 . . . { ^{0}C	der Luft vor der Luftuhr	22,0	23,3
9	relative Feuchtigkeit φ_0 {		0,87	0,79
10	Temperatur t' . . . { der Luft im Druckaus- »		21,8	22,3
11	relative Feuchtigkeit φ' { gleichgefaß		0 88	0,84
12	angesaugte Luftmenge i. d. Std (Luftuhrablesung) V_0 cbm		78,48	79,43
13	Hubraum in der Stunde 120 n V . . . . »		99,66	99,74
14	Lieferungsgrad λ . . . . vH		78,8	79,6
15*	volumetrischer Wirkungsgrad (aus dem { u_{is} . »		94,4	94,4
	Indikatordiagramm ermit elt) { u_{ad} . »		94,8	94,8
16	Gaskonstante der angesaugten Luft (aus p_0, t_0, φ_0 er- mittelt) R		29,56	29,55
17	angesaugtes Luftgewicht { in der Stunde G_0 kg		91,80	92,53
		bei 1000 Umdr »	27,87	28,08
18*	Druck zu Beginn des Druckausgleiches p_3 . kg qcm		2,89	2,84
19	Druck zu Beginn der Expansion p_0 . . »		1,11	1,11
20	Druck zu Ende des Saugens p_1 $(= p_0)$. »		1,02	1,02
21	Druck zu Beginn der Kompression p_5 . . »		1,11	1,11
22*	Druck unter den { bei dichten Schiebern p_i »		2,60	2,60
23*	Druckventilen { nach dem Diagramm p_s . . »		2,21	2,21
24	Lufttemperatur vor dem Zylinder t_i . . . . . ^{0}C		21,8	22,1
25	Lufttemperatur hinter den { vorn — hinten »		79,3 — 87,3	75,1 — 83,6
	Druckventilen t_v { im Mittel . . . »		83,3	79,4
26	Lufttemperatur im Druckrohr . . . . . »		—	—
27*	Luftgewicht bei Beginn des { in der Stunde G_3 kg		11,18	11,34
	Druckausgleiches { bei 1000 Umdr. . . »		3,39	3,44

Fortsetzung.

8	9	6	7	4	5	76	77
1,66	1,65	2,09	2,09	2,55	2,54	2,92	2,92
4,49	4,46	5,60	5,62	6,72	6,86	7,87	7,85
1,256	1,256	1,624	1,624	1,974	1,974	2,195	2,195
69,8	71,0	69,6	70,7	67,5	69,1	64,3	65,6
15,0	15,3	11,6	11,7	9,2	9,5	7,9	8,1
0,669	0,669	0,716	0,716	0,749	0,749	0,767	0,767
0,932	0,932	0,774	0,774	0,680	0,680	0,615	0,615
1050	1133	1337	1487	1700	1820	2123	2220
164	177	211	234	273	285	334	349
146	65	309	231	511	394	597	492
22,9	10,2	48,8	36,4	82,0	61,6	93,8	77,3
257	234	391	402	642	625	757	748
40,2	36,6	61,8	63,2	103,0	97,8	119,0	117,6
955	980	1283	1344	1613	1634	2027	2028
149,2	153,1	202,4	211,6	259,2	256,0	318,9	318,8
16,1	16,1	27,8	27,8	44,2	45,2	63,6	63,5
2,5	2,5	4,4	4,4	7,2	7,2	10,1	10,1

tafel 10.

(mit Druckausgleich).

52	53	58	59	56	57
28. 8.	28. 8.	31. 8.	31. 8.	31. 8.	31. 8.
53,8	54,7	54,7	54,8	53,7 ·	54,1
3,50	3,50	5,03	5,03	7,01	7,01
1,020	1,020	1,019	1,019	1,019	1,019
3,43	3,43	4,94	4,94	6,88	6,88
schwach	stark	schwach	stark	schwach	stark
750,4	750,4	749,2	749,2	749,2	749,2
21,6	22,5	23,5	23,1	20,6	23,3
0,87	0,83	0,81	0,85	0,93	0,81
21,2	22,2	23,3	23,0	20,6	22,7
0,89	0,85	0,82	0,85	0,93	0,84
71,52	73,60	64,76	66,54	56,36	57,23
97,60	99,34	99,34	99,42	97,51	98,28
73,3	74,1	65,2	66,9	57,8	58,2
93,8	93,8	92,9	92,9	91,6	91,6
94,3	94,3	93,8	93,8	92,9	92,9
29,55	29,55	29,56	29,57	29,56	29,56
83,80	85,97	75,29	77,44	66,17	66,58
25,96	26,18	22,93	23,53	20,53	20,51
4,00	4,00	5,71	5,71	7,72	7,72
1,16	1,16	1,22	1,22	1,31	1,31
1,02	1,02	1,02	1,02	1,02	1,02
1,16	1,16	1,22	1,22	1,31	1,31
3,60	3,60	5,13	5,13	7,11	7,11
2,92	2,92	3,75	3,75	4,62	4,62
21,5	22,2	23,6	23,3	22,4	23,8
97,9 — 107,0	95,1 — 104,2	133,1 — 135,8	129,4 — 130,6	156,9 — 155,8	155,5 — 155,5
102,5	99,7	134,5	130,0	156,4	155,5
—	—	115,2	109,6	127,6	125,8
14,41	14,57	19,31	19,53	24,30	24,57
4,46	4,49	5,88	5,94	7,54	7,57

Zahlentafel 10.

	Nr. des Versuches		54	55
28	Luftgewicht zu Ende des Saugens { isothermischer Druckausgleich { in der Stunde G_{1is}	kg	106,18	107,10
		bei 1000 Umdr .	»	32,23	32,50
	{ adiabatischer Druckausgleich { in der Stunde G_{1ad}	»	110,81	111,79
		bei 1000 Umdr. . .	»	33,62	33,91
29	Luftgewicht zu Beginn der Kompression { in der Stunde G_5	»	104,93	105,81
		bei 1000 Umdr	»	31,82	32,10
30	Luftgewicht zu Ende der Kompression { in der Stunde G_2	»	115,98	117,03
		bei 1000 Umdr. .	»	35,20	35,50
31	mittlere Lufttemperatur zu Ende des Saugens { t_{1is} .	^0C	81	79
		t_{1ad} .	»	66	64
32	desgl. zu Beginn der Kompression t_{5m}	»	82	78
33	desgl. zu Ende der Kompression t_{2m}	»	135	132
34	desgl zu Beginn des Druckausgleiches t_3 . .	»	83,3	79,4
35	desgl zu Beginn der Expansion t_{6ad} . .	»	—3,5	— 6,5
36	Temperaturerhöhung beim Ansaugen { $t_{1is} - t_i$	»	59,2	56,9
		$t_{1ad} - t_i$	»	44,2	41,9
37	desgl. bei der Kompression $t_{2m} - t_{5m}$ . . .	»	53	54
38	Temperaturerniedrigung beim Ausschieben $t_{2m} - t_3$	»	51,7	52,6
39	Temperaturunterschied $t_v - t_i$	»	61,5	57,5
40	Exponent der Kompressionslinie (mittlerer) m .		1,30	1,30
41	desgl zu Beginn — zu Ende der Kompression		1,35 — 1,24	1,35 — 1,24
42	stündliche Kühlwassermenge . . . . . {	cbm	0,0228	0,1203
		kg	22,6	119,8
43	Temperatur des Kühlwassers { beim Eintritt . . .	^0C	18,3	17,0
44	{ beim Austritt .	»	46,9	27,2
45	vom Kühlwasser aufgenommene Wärmemenge { in der Stunde Q_m	WE	646	1223
		bei 1000 Umdr.	»	196	371
46	Kühlwassermenge für 100 kg angesaugte Luft . .	kg/st	24,6	129,5
47	Indikatorfedermaßstab (angeblich) 1 kg/qcm	mm	25	25
48	Diagrammaßstab $\mathfrak{M}$ vorn — hinten	»	25,20 — 24,80	25,20 — 24,80
49	mittlerer indizierter Druck { vorn — hinten .	kg/qcm	1,09 — 1,06	1,08 — 1,06
	{ im Mittel p_i . .	»	1,08	1,07
50	indizierte Leistung N_i	PS	3,99	3,95
51	mittlerer Druck für isothermische Kompression von p_0 auf p . . . p_m . .	kg/qcm	0,914	0,911
52	indizierter Wirkungsgrad η_i	vH	66,7	68,0
53	indizierte Förderleistung $V_0 : N_i$.	cbm/PS	19,7	20,1
54	gesamte abgeführte Wärmemenge { in der Stunde $-(Q_m + Q_s - Q_h)$	WE	1176	1233
		bei 1000 Umdr. . . .	»	357	374

Zahlen-
Versuche mit dem Zylinder I

	Nr. des Versuches		66	67
1	Versuchstag 1903		4. 9.	4. 9.
2	Umdrehungszahl in der Minute n . . .		81,3	81,3
3	Gegendruck im Luftkessel p	kg/qcm	2,51	2,51
4	atmosphärischer Druck p_0	»	1,027	1,027
5	Druckverhältnis $\frac{p}{p_0}$		2,44	2,44
6	angewendete Kühlung		schwach	stark
7	Barometerstand, reduziert auf 0^0 C . .	mm Q.-S.	753,3	753,3
8	Temperatur t_0 . . . . } der Luft vor der Luftuhr	^0C	26,8	27,0
9	relative Feuchtigkeit φ_0 }		0,72	0,71
10	Temperatur t' . . . . } der Luft im Druckaus-	»	25,4	25,9
11	relative Feuchtigkeit φ' } gleichgefäß		0,78	0,76
12	angesaugte Luftmenge i. d. Std. (Luftuhrablesung) V_0	cbm	123,12	124,53

Fortsetzung.

52	53	58	59	56	57
97,80	100,32	89,11	91,43	80,03	80,59
30,30	30,57	27,13	27,79	24,84	24,82
103,88	106,54	96,75	99,17	89,37	90,00
32,16	32,43	29,48	30,16	27,74	27,72
101,47	104,06	100,64	103,08	100,80	101,61
31,43	31,68	30,67	31,34	31,30	31,30
114,91	117,87	116,95	119,59	119,54	120,61
35,58	35,90	35,62	36,35	37,10	37,13
104	102	147	137	187	187
82	79	114	106	139	139
103	99	130	122	156	154
180	176	240	229	277	276
102,5	99,7	134,5	130,0	156,4	155,5
−11,0	−13,1	−10,5	−13,2	−16,5	−17,0
82,5	79,8	123,4	113,7	164,6	163,2
60,5	56,8	90,4	82,7	116,6	115,2
77	77	110	107	121	122
77,5	76,3	105,5	99,0	120,6	120,5
81,0	77,5	110,9	106,7	134,0	131,7
1,28	1,28	1,26	1,26	1,23	1,23
1,34 — 1,22	1,34 — 1,22	1,32 — 1,19	1,32 — 1,19	1,30 — 1,17	1,30 — 1,17
0,0371	0,1442	0,0723	0,2130	0,0883	0,3100
36,7	143,7	71,6	242,3	87,4	309,0
18,1	17,0	18,0	16,2	16,8	16,1
47,4	27,4	46,4	25,5	45,6	25,7
1075	1495	2033	2253	2520	2967
333	455	619	685	782	914
43,8	167,2	95,1	313,0	132,2	464,0
15	15	12	12	8	8
15,13 — 15,15	15,13 — 15,15	11,80 — 11,84	11,80 — 11,84	7,98 — 8,04	7,98 — 8,04
1,56 — 1,50	1,55 — 1,49	2,16 — 2,01	2,16 — 2,02	2,81 — 2,55	2,79 — 2,55
1,53	1,52	2,09	2,09	2,68	2,67
5,53	5,59	7,68	7,70	9,68	9,72
1,256	1,256	1,627	1,627	1,965	1,965
60,2	61,2	50,8	52,1	42,4	42,8
12,9	13,2	8,4	8,6	5,8	5,9
1883	1948	2850	2912	4020	4068
583	593	868	885	1247	1253

tafel 11.
(mit Druckausgleich).

64	65	62	63	60	61
4. 9.	4. 9.	3. 9.	3. 9.	2. 9.	2. 9.
79,9	80,8	80,0	80,5	80,4	80,6
3,50	3,50	5,03	5,03	7,02	7,02
1,027	1,027	1,023	1,023	1,025	1,025
3,41	3,41	4,92	4,92	6,84	6,84
schwach	stark	schwach	stark	schwach	stark
753,3	753,3	750,4	750,4	753,6	753,6
24,3	25,7	24,6	26,3	25,4	26,4
0,83	0,77	0,77	0,71	0,72	0,68
23,7	24,9	23,6	24,9	23,8	24,9
0,86	0,81	0,82	0,77	0,79	0,74
114,76	116,78	104,64	105,79	93,01	94,35

	Nr. des Versuches		66	67
13	Hubraum in der Stunde $120\,n\,V$	cbm	147,56	147,63
14	Lieferungsgrad λ	vH	83,4	84,4
15*	volumetrischer Wirkungsgrad (aus dem μ_{is}	»	94,7	94,7
	Indikatordiagramm ermittelt) μ_{ad}	»	95,1	95,1
16	Gaskonstante der angesaugten Luft (aus p_0, t_0, φ_0 ermittelt) R		29,58	29,58
17	angesaugtes Luftgewicht $\{$ in der Stunde G_0	kg	142,58	144,12
	bei 1000 Umdr.	»	29,22	29,53
18*	Druck zu Beginn des Druckausgleiches p_3	kg/qcm	3,26	3,26
19*	Druck zu Beginn der Expansion p_5	»	1,13	1,13
20*	Druck zu Ende des Saugens $p_1\,(=p_0)$	»	1,03	1,03
21*	Druck zu Beginn der Kompression p_5	»	1,13	1,13
22*	Druck unter den $\{$ bei dichten Schiebern p_i	»	2,61	2,61
23*	Druckventilen $\{$ nach dem Diagramm p_s	»	2,58	2,58
24	Lufttemperatur vor dem Zylinder t_c	^{0}C	24,8	25,1
25	Lufttemperatur hinter den $\{$ vorn — hinten	»	93,1 — 98,1	90,4 — 93,8
	Druckventilen t_v $\{$ im Mittel	»	95,6	92,1
26	Lufttemperatur im Druckrohr	»	—	—
27*	Luftgewicht bei Beginn des $\{$ in der Stunde G_3	»	17,12	17,28
	Druckausgleiches $\{$ bei 1000 Umdr.	»	3,51	3,54
28*	Luftgewicht zu Ende des Saugens $\{$ isothermischer Druckausgleich $\{$ in der Stunde G_{1is}	»	163,31	165,03
	$\{$ bei 1000 Umdr.	»	33,47	33,82
	adiabatischer Druckausgleich $\{$ in der Stunde G_{1ad}	»	170,82	172,63
	$\{$ bei 1000 Umdr.	»	35,00	35,36
29*	Luftgewicht zu Beginn der $\{$ in der Stunde G_5	»	159,89	161,60
	Kompression $\{$ bei 1000 Umdr.	»	32,76	33,11
30*	Luftgewicht zu Ende der $\{$ in der Stunde G_2	»	178,33	180,23
	Kompression $\{$ bei 1000 Umdr.	»	36,54	36,93
31*	mittlere Lufttemperatur zu Ende des Saugens $\{$ t_{1is}	^{0}C	71	68
	t_{1ad}	»	56	52
32*	desgl. zu Beginn der Kompression t_{5m}	»	79	75
33*	desgl. zu Ende der Kompression t_{2m}	»	136	132
34	desgl. zu Beginn des Druckausgleiches t_3	»	95,6	92,1
35*	desgl. zu Beginn der Expansion t_{6ad}	»	—2,3	—4,8
36	Temperaturerhöhung beim Ansaugen $\{$ $t_{1is} - t_c$	»	46,2	42,9
	$t_{1ad} - t_c$	»	31,2	26,9
37	desgl. bei der Kompression $t_{2m} - t_{5m}$	»	57	57
38	Temperaturerniedrigung beim Ausschieben $t_{2m} - t_3$	»	40,4	39,9
39	Temperaturunterschied $t_v - t_c$	»	70,8	67,0
40*	Exponent der Kompressionslinie (mittlerer) m		1,31	1,31
41	desgl. zu Beginn — zu Ende der Kompression		1,36 — 1,25	1,36 — 1,25
42	stündliche Kühlwassermenge $\}$	cbm	0,0508	0,1780
		kg	50,3	177,4
43	Temperatur des Kühlwassers $\{$ beim Eintritt	^{0}C	17,6	16,8
44	$\{$ beim Austritt	»	46,2	26,4
45	vom Kühlwasser aufgenommene $\{$ in der Stunde Q_m	WE	1440	1703
	Wärmemenge $\{$ bei 1000 Umdr.	»	295	349
46	Kühlwassermenge für 100 kg angesaugte Luft	kg/st	35,3	123,1
47	Indikatorfedermaßstab (angeblich) 1 kg/qcm $=$	mm	15	15
48	Diagrammaßstab $\mathfrak{M}$ vorn — hinten	»	15,14 — 15,20	15,14 — 15,20
49	mittlerer indizierter Druck $\{$ vorn — hinten	kg/qcm	1,12 — 1,13	1,13 — 1,13
	$\{$ im Mittel p_i	»	1,13	1,13
50	indizierte Leistung N_i	PS	6,18	6,18
51	mittlerer Druck für isothermische Kompression von p_0 auf $p \ldots p_m$	kg/qcm	0,917	0,917
52	indizierter Wirkungsgrad η_i	vH	67,7	68,5
53	indizierte Förderleistung $V_0 : N_i$	cbm/PS	19,9	20,2
54	gesamte abgeführte $\{$ in der Stunde $-(Q_m + Q_s - Q_k)$	WE	1498	1605
	Wärmemenge $\{$ bei 1000 Umdr.	»	307	329

Fortsetzung.

64	65	62	63	60	61
145,09	146,61	145,29	146,14	145,91	146,34
79,1	79,7	72,0	72,4	63,8	64,5
94,1	94,1	93,1	93,1	91,8	91,8
94,7	94,7	94,0	94,0	93,2	93,2
29,58	29,58	29,57	29,57	29,56	29,56
134,02	135,74	121,64	122,28	108,08	109,27
27,93	28,01	25,32	25,32	22,41	22,60
4,43	4,43	6,23	6,23	8,42	8,42
1,18	1,18	1,25	1,25	1,35	1,35
1,03	1,03	1,02	1,02	1,03	1,03
1,18	1,18	1,25	1,25	1,35	1,35
3,60	3,60	5,13	5,13	7,12	7,12
3,38	3,38	4,41	4,41	5,27	5,27
23,5	24,3	23,5	24,4	24,1	24,8
117,1 — 122,9	114,6 — 121,0	152,4 — 153,5	150,1 — 152,1	188,1 — 188,6	184,0 — 186,0
120,0	117,8	153,0	151,1	188,4	185,0
—	—	136,0	132,8	162,2	157,6
21,46	21,80	27,83	28,12	34,86	35,22
4,47	4,50	5,80	5,82	7,22	7,28
153,95	155,98	141,11	141,97	127,60	128,90
32,09	32,17	29,38	29,39	26,46	26,68
163,28	165,44	152,72	153,73	141,37	142,83
34,03	34,11	31,80	31,82	29,33	29,54
156,90	158,98	153,99	154,97	153,37	155,02
32,70	32,80	32,07	32,06	31,81	32,05
179,28	181,67	180,67	181,92	183,14	185,09
37,37	37,47	37,62	37,64	37,94	38,26
86	85	118	117	162	158
66	· 64	88	88	119	116
97	94	124	122	159	155
178	176	237	236	292	288
120,0	117,8	153,0	151,1	188,4	185,0
—5,5	—7,0	—6,2	—7,2	—2,7	—4,7
62,5	60,7	94,5	92,2	137,9	133,2
42,5	39,7	64,5	63,6	94,9	91,2
81	82	113	114	133	133
58,0	58,2	84,0	84,9	103,6	103,0
96,5	93,5	129,5	126,7	164,3	160,2
1,29	1,29	1,27	1,27	1,25	1,25
1,35 — 1,24	1,35 — 1,24	1,32 — 1,21	1,32 — 1,21	1,29 — 1,19	1,29 — 1,19
0,0670	0,2420	0,1025	0,3100	0,1380	0,4041
66,3	241,2	101,5	309,0	136,6	402,7
17,2	16,2	16,7	15,6	16,6	15,9
46,6	26,3	45,5	26,6	45,6	27,2
1950	2435	2925	3400	3960	4550
407	502	609	704	821	941
49,5	177,7	83,6	252,7	126,3	368,6
15	15	12	12	8	8
15,13 — 15,15	15,13 — 15,15	11,80 — 11,82	11,80 — 11,82	7,98 — 8,03	7,98 — 8,03
1,64 — 1,60	1,62 — 1,60	2,28 — 2,19	2,27 — 2,19	2,93 — 2,81	2,92 — 2,80
1,62	1,61	2,24	2,23	2,87	2,86
8,71	8,74	12,05	12,07	15,50	15,50
1,260	1,260	1,630	1,630	1,971	1,971
61,5	62,4	52,4	52,9	43,8	44,5
13,2	13,4	8,7	8,8	6,0	6,1
2422	2500	3868	3943	5578	5638
505	516	806	816	1156	1166

Versuche mit dem Zylinder I

	Nr. des Versuches		70	71
1	Versuchstag 1903		7. 9.	7. 9.
2	Umdrehungszahl in der Minute n . .		108,1	109,3
3	Gegendruck im Luftkessel p .	kg/qcm	2,50	2,50
4	atmosphärischer Druck p_0 . .	»	1,016	1,016
5	Druckverhältnis $\frac{p}{p_0}$ . . .		2,46	2,46
6	angewendete Kühlung . . .		schwach	stark
7	Barometerstand, reduziert auf 0^0 C .	mm Q.-S	747,3	747,3
8	Temperatur t_0 . . $\big\{$ der Luft vor der Luftuhr	^{0}C	27,8	28,2
9	relative Feuchtigkeit q_0		0,68	0,65
10	Temperatur t' . . . . $\big\{$ der Luft im Druckaus-	»	26,2	26,6
11	relative Feuchtigkeit q' $\big($ gleichgefäß		0,74	0,71
12	angesaugte Luftmenge i. d. Std. (Luftuhrablesung) V_0	cbm	168,90	172,05
13	Hubraum in der Stunde $120\,n\,V$ . .	»	196,29	198,38
14	Lieferungsgrad λ	vH	86,1	86,7
15*	volumetrischer Wirkungsgrad (aus dem $\big\{$ μ_{is} .	»	94,6	94,6
	Indikatordiagramm ermittelt) $\big($ μ_{ad}	»	95,1	95,1
16	Gaskonstante der angesaugten Luft (aus p_0, t_0, q_0 ermittelt) R		29,59	29,58
17	angesaugtes Luftgewicht $\big\{$ in der Stunde G_0 .	kg	192,80	196,20
	$\big($ bei 1000 Umdr	»	29,72	29,91
18*	Druck zu Beginn des Druckausgleiches p_3 . .	kg/qcm	3,55	3,55
19*	Druck zu Beginn der Expansion p_6 . .	»	1,14	1,14
20	Druck zu Ende des Saugens p_1 ($= p_0$) .	»	1,02	1,02
21*	Druck zu Beginn der Kompression p_5 .	»	1,14	1,14
22*	Druck unter den $\big\{$ bei dichten Schiebern p_7	»	2,60	2,60
23*	Druckventilen $\big($ nach dem Diagramm p_8 .	»	2,60	2,60
24	Lufttemperatur vor dem Zylinder t_c	^{0}C	26,5	24,8
25	Lufttemperatur hinter den $\big\{$ vorn — hinten .	»	103,8 — 105,6	99,2 — 103,0
	Druckventilen t_i $\big($ im Mittel . .	»	104,7	101,1
26	Lufttemperatur im Druckrohr	»	—	—
27*	Luftgewicht bei Beginn des $\big\{$ in der Stunde G_3	kg	23,44	23,93
	Druckausgleiches $\big($ bei 1000 Umdr. .	»	3,61	3,65
28*	Luftgewicht $\big\{$ isothermischer $\big\{$ in der Stunde G_{1is}	»	219,76	223,71
	zu Ende $\big($ Druckausgleich $\big($ bei 1000 Umdr. .	»	33,88	34,10
	des Saugens $\big\{$ adiabatischer $\big\{$ in der Stunde G_{1ad}	»	229,88	234,51
	$\big($ Druckausgleich $\big($ bei 1000 Umdr. . .	»	35,42	35,76
29*	Luftgewicht zu Beginn der $\big\{$ in der Stunde G_5 .	»	216,24	220,13
	Kompression $\big($ bei 1000 Umdr . .	»	33,31	33,55
30*	Luftgewicht zu Ende der $\big\{$ in der Stunde G_2	»	240,31	244,70
	Kompression $\big($ bei 1000 Umdr	»	37,02	37,30
31*	mittlere Lufttemperatur zu Ende des Saugens $\big\{$ t_{1is} .	^{0}C	63	61
	$\big($ t_{1ad} .	»	48	46
32*	desgl. zu Beginn der Kompression t_{4m}	»	78	76
33*	desgl. zu Ende der Kompression t_{2m} . . .	»	135	131
34*	desgl. zu Beginn des Druckausgleiches t_3 . . .	»	104,7	101,1
35*	desgl. zu Beginn der Expansion t_{6ad}	»	−1,7	−4,2
36	Temperaturerhöhung beim Ansaugen $\big\{$ $t_{1is} - t_c$.	»	36,5	36,2
	$\big($ $t_{1ad} - t_c$.	»	21,5	21,2
37	desgl. bei der Kompression $t_{2m} - t_{5m}$	»	57	55
38	Temperaturerniedrigung beim Ausschieben $t_{2m} - t_3$	»	30,3	29,9
39	Temperaturunterschied $t_i - t_c$	»	78,2	76,3
40*	Exponent der Kompressionslinie (mittlerer) m . .		1,30	1,30
41	desgl. zu Beginn — zu Ende der Kompression .		1,35 — 1,26	1,35 — 1,26
42	stündliche Kühlwassermenge . . . . . . $\big\}$	cbm	0,0588	0,2206
		kg	58,2	219,9
43	Temperatur des Kühlwassers $\big\{$ beim Eintritt .	^{0}C	17,1	16,6
44	$\big($ beim Austritt	»	46,4	26,3
45	vom Kühlwasser aufgenommene $\big\{$ in der Stunde Q_m	WE	1705	2133
	Wärmemenge $\big($ bei 1000 Umdr .	»	263	325
46	Kühlwassermenge für 100 kg angesaugte Luft . .	kg/st	30,2	112,1

tafel 12.
(mit Druckausgleich).

68	69	74	75	72	73
7. 9.	7. 9.	9. 9.	9. 9.	9 9	9. 9.
106,9	107,4	106,0	105,8	103,8	105,7
3,19	3,19	5,03	5,03	7,01	7,01
1,016	1,016	1,016	1,016	1,016	1,016
3,44	3,44	4,95	4,95	6,90	6,90
schwach	stark	schwach	stark	schwach	stark
747,3	747,3	747,0	747,0	747,0	747,0
25,5	26,7	23,2	23,3	21,8	22,8
0,79	0,73	0,81	0,79	0,92	0,86
24,6	25,4	23,1	23,2	21,8	22,4
0,83	0,79	0,81	0,79	0,92	0,88
159,35	160,20	145,67	147,51	128,54	132,68
194,13	195,06	192,43	192,07	188,53	191,95
82,1	82,2	75,7	76,8	68,2	69,1
93,9	93,9	93,0	93,0	91,6	91,6
94,6	94,6	94,0	94,0	93,1	93,1
29,59	29,59	29,56	29,55	29,57	29,57
183,30	183,54	169,03	171,20	149,81	154,12
28,58	28,48	26,57	26,97	24,10	24,28
4,74	4,74	6,66	6,66	8,93	8,93
1,20	1,20	1,27	1,27	1,37	1,37
1,02	1,02	1,02	1,02	1,02	1,02
1,20	1,20	1,27	1,27	1,37	1,37
3,59	3,59	5,13	5,13	7,11	7,11
3,56	3,56	4,82	4,82	6,40	6,40
25,1	25,9	23,3	23,3	22,8	23,3
126,4 — 132,8	125,5 — 130,7	174,3 — 185,3	169,0 — 180,3	215,8 — 232,2	215,4 — 231,0
129,6	128,1	179,8	174,7	224,0	223,2
123,1	120,6	152,7	147,7	181,4	179,5
29,02	29,27	35,97	36,32	43,60	43,81
4,52	4,54	5,66	5,72	7,00	6,91
209,55	210,05	193,56	195,98	173,83	178,26
32,65	32,60	30,43	30,88	27,80	28,20
222,43	223,03	208,48	211,06	191,24	195,76
34,67	34,60	32,76	33,22	30,68	30,86
212,79	213,29	207,34	209,89	198,24	202,85
33,18	33,08	32,57	33,05	31,83	31,97
243,22	243,93	243,90	246,82	241,66	247,08
37,90	37,83	38,32	38,70	38,78	38,93
76	76	103	97	137	133
56	56	75	71	100	97
99	97	126	122	170	167
177	177	244	238	309	305
129,6	128,1	179,8	174,7	224,0	223,2
−2,7	−3,7	+8,8	+5,3	+14,8	+14,7
50,9	50,1	79,7	73,7	114,2	109,7
30,9	30,1	51,7	47,7	77,2	73,7
78	80	118	116	139	138
47,4	48,9	64,2	63,3	85,0	81,8
104,5	102,2	156,5	151,4	201,2	199,9
1,29	1,29	1,28	1,28	1,27	1,27
1,35 — 1,24	1,35 — 1,24	1,34 — 1,22	1,34 — 1,22	1,34 — 1,20	1,34 — 1,20
0,0740	0,2700	0,1225	0,3565	0,1667	0,4280
73,2	269,1	121,3	355,3	165,1	426,4
17,1	16,3	16,6	15,8	16,6	15,9
46,2	26,6	46,2	26,8	45,5	28,3
2130	2770	3590	3910	4770	5290
332	430	564	616	766	834
40,0	146,7	71,8	206,6	110,0	277,0

Zahlentafel 12.

			70	71
	Nr. des Versuches		70	71
47	Indikatorfedermaßstab (angeblich) 1 kg/qcm = .	mm	15	15
48	Diagrammaßstab $\mathfrak{M}$ vorn — hinten . . .	»	15,14 — 15,20	15,14 — 15,20
49	mittlerer indizierter Druck { vorn — hinten .	kg/qcm	1,20 — 1,20	1,20 — 1,20
	im Mittel p_i . .	»	1,20	1,20
50	indizierte Leistung N_i	PS	8,72	8,82
51	mittlerer·Druck fur isothermische Kompression von			
	p_0 auf p . . . p_m	kg/qcm	0,913	0,913
52	indizierter Wirkungsgrad η_i . . .	vH	65,5	66,0
53	indizierte Förderleistung $V_0 : N_i$ . . .	cbm/PS	19,4	19,5
54	gesamte abgeführte { in der Stunde $-(Q_m + Q_s - Q_k)$	WE	1918	1995
	Warmemenge { bei 1000 Umdr. . . .	»	296	304

Zahlentafel 13.

Versuche mit Zylinder I und Zylinder II in Verbundanordnung.

			80		81	
	Nr. des Versuches		80		81	
1	Versuchstag 1903		16. 9.		16. 9.	
1	Umdrehungszahl in der Minute n . .		53,7		53,7	
3	Gegendruck im Luftkessel p	kg/qcm	7,01		7,01	
4	Gegendruck im Zwischenkühler p_z . . . »		2,62		2,59	
5	Druckverhältnis $\dfrac{p}{p_0}$		6,86		6,86	
6	angewendete Kühlung		schwach		stark	
7	Barometerstand, reduziert auf 0^0 C . . mm Q.-S.		751,6		751,6	
8	Temperatur t_0 . . . . } der Luft vor der Luftuhr ^{0}C		17,9		18,1	
9	relative Feuchtigkeit q_0 }		0,94		0,93	
10	Temperatur t' . . . . } der Luft im Druckaus- »		17,9		18,3	
11	relative Feuchtigkeit q' } gleichgefaß		0,94		0,92	
12	angesaugte Luftmenge i. d. Std. (Luftuhr) V_0 . .	cbm	87,24		87,86	
13	Lieferungsgrad λ	vH	89,4		90,1	
14	stündliche Kühlwassermenge von Zylinder I, }	cbm	0 1490		0,4350	
	Zwischenkuhler und Zylinder II } .	kg	148,3		433,8	
15	stündl. Kühlwassermenge für 100 kg angesaugte Luft	»	143		414	
16	vom gesamten Kuhlwasser auf- { in der Stunde .	WE	2200		3554	
	genommene Warmemenge { bei 1000 Umdr.	»	683		1103	
17	vom Kuhlwasser des Zwischenküh- { in der Stunde .	»	828		1222	
	lers aufgenommene Wärmemenge { bei 1000 Umdr	»	257		379	
18	Kühlwassereintrittstemperatur im Zwischenkühler .	^{0}C	15,4		14,9	
19	Kühlwasseraustrittstemperatur im Zwischenkühler .	»	25,8		21,7	
20	indizierte Leistung in beiden Zylindern N_i . . .	PS	8,24		8,12	
21	indizierter Wirkungsgrad $\eta_{i\,ges}$	vH	77,1		78,7	
22	indizierte Förderleistung	cbm/PS	10,6		10,8	

			Zylinder I	Zyl. II	Zylinder I	Zyl. II
23	Druckverhältnis $\dfrac{p_z}{p_0}, \dfrac{p}{p_z}$		2,56	2,68	2,54	2,70
24	relative Feuchtigkeit der angesaugten Luft q_0, q : .		0,94	1	0,93	1
25	angesaugte Luftmenge in der Stunde V_0, V_z . . . cbm		87,24	34,37	87,86	34,53
26	Hubraum in der Stunde . . . . »		97,54	36,80	97,54	36,80
27	Lieferungsgrad λ_I, λ_{II} . . . . vH		89,4	93,4	90,1	93,8
28*	volumetrischer Wirkungsgrad (aus dem Indikator-					
	diagramm ermittelt) μ . . . . »		96,8	94,5	96,9	94,5

Fortsetzung.

68	69	74	75	72	73
15	15	10	10	8	8
15,13 — 15,15	15,13 — 15,15	9,90 — 9,78	9,90 — 9,78	7,98 — 8,02	7,98 — 8,02
1,69 — 1,69	1,70 — 1,68	2,36 — 2,32	2,35 — 2,31	3,08 — 2,95	3,07 — 2,97
1,69	1,69	2,34	2,33	3,02	3,02
12,15	12,20	16,67	16,58	21,10	21,46
1,254	1,254	1,624	1,624	1,962	1,962
60,9	61,0	52,5	53,6	44,3	44,9
13,1	13,1	8,7	8,9	6,1	6,2
3108	3235	4212	4290	6145	6225
496	502	662	676	987	982

Zahlentafel 13.

Fortsetzung.

	Nr. des Versuches		Zylinder I	Zyl. II	Zylinder I	Zyl. II
29	Gaskonstante der angesaugten Luft R . .		29,51	29,42	29,52	29,40
30	angesaugtes Luftgewicht { in der Stunde G_0	kg	103.90	103,80	104,70	103,80
	{ bei 1000 Umdr.	»	32,27	32,06	32,50	32,20
31*	Druck zu Beginn der Expansion p_3	kg/qcm	2,72	7,21	2,69	7,21
32*	Druck zu Ende des Saugens p_1	»	1,022	2,53	1,022	2,50
33	Lufttemperatur vor dem Zylinder t_i . . .	^{0}C	17,7	23,3	17,8	20,0
34	Lufttemperatur hinter den Druckventilen { vorn — hinten .	»	75,3—81,2	102,6	70.9—76,5	93,6
	{ im Mittel	»	78,3	102,6	73,7	93,6
35	Luftgewicht zu Beginn der Expansion { in der Stunde G_ε	kg	4,92	1,20	4,93	1,23
	{ bei 1000 Umdr.	»	1,53	0,37	1,53	0,38
36*	Luftgewicht zu Ende des Saugens { in der Stunde $G_0 + G_\varepsilon$.	»	108,82	104,50	109,63	105,03
	{ bei 1000 Umdr. . .	»	33,76	32,43	34,02	32,59
37	mittlere Lufttemperatur zu Ende des Saugens t_1	^{0}C	43,1	30,5	41,0	25,5
38*	desgl. zu Ende der Kompression t_2 .	»	117	123	111	119
39*	desgl. zu Ende des Ausschiebens t_3	»	78,3	102,6	73,7	93,6
40	Temperaturerhöhung beim Ansaugen $t_1 - t_i$	»	25,4	7,2	23,2	5,5
41	desgl. bei der Kompression $t_2 - t_1$	»	73,9	92,5	70,0	93,5
42	Temperaturerniedrigung beim Ausschieben $t_2 - t_3$.	»	38,7	20,4	37,3	25,4
43	stundliche Kuhlwasser- menge { im Kolben und Mantel {	cbm	0,0200	0,0329	0,1090	0,0997
		kg	19,8	32,8	108,6	99,5
	{ im Zylinderkopf . . {	cbm	—	0,0161	—	0,0463
		kg	—	16,0	—	46,1
44	Temperatur des Kuhlwasser { im Kolben u. Mantel { beim Eintritt	^{0}C	15,2	15,6	14,8	14,9
45	{ beim Austritt	»	43,0	28,2	24,8	22,7
46	{ im Zylinderkopf . . { beim Eintritt	»	—	15,6	—	14,9
47	{ beim Austritt	»	—	41,2	—	25,1
48	vom Kuhlwasser aufgenom mene Warmemenge { in der Stunde Q_m .	WE	550	822	1086	1246
	{ bei 1000 Umdr.	»	171	255	337	387
49*	mittlerer indizierter Druck p_i	kg/qcm	1,10	3,13	1,08	3,10
50	indizierte Leistung $N_i I$. $N_i II$ . .	PS	3,98	4,26	3,90	4,22
51	indizierter Wirkungsgrad $\eta_i I$, $\eta_i II$	vH	78,1	76,2	79,4	78,2

Zahlentafel 14. Arbeitsersparnis bei Anwendung der

	Betriebsart	Zylinder I ohne Druckausgleich	Zylinder II
		einstufig	
1	Druckverhältnis $\dfrac{p}{p_0}$	6,86	6,86
2	Druckverhältnis $\dfrac{p_z}{p_0}$	—	—
3	Druckverhältnis $\dfrac{p}{p_z}$	—	—
4	Umdrehungszahl in der Minute .	54	54
5	angewendete Kühlung . . .	schwach	schwach
6	indizierter Wirkungsgrad nach Fig. 22 und 23 $\left\{\begin{matrix} \frac{p_z}{p_0} \\ \frac{p}{p_z} \end{matrix}\right.$ für $n = 54$ und das Druckverhältnis	0,759 —	— 0,723
7	indizierter Wirkungsgrad η_i bezw. $\eta_{i\,verb}$ für das Druckverhältnis $\dfrac{p}{p_0}$	0,551	0,670
8	zur Kompression von 1 cbm angesaugte Luft aufgewendete Arbeit $L' = \dfrac{10\,000\,p_m}{r_i}$ . . . mkg	35 700	29 370
9	mittlerer Druck für isothermische Kompression von p_0 auf p . . . p_m . . kg/qcm	1,968	1,968
10	durch Verbundkompression erzielte Arbeitsersparnis in vH der Arbeit bei einstufiger Kompression (durch Versuch 80 und 81 ermittelt . . .	28,6	13,2
11	aus Beziehung (70) Seite 76 berechnete Arbeitsersparnis bei Verbundkompression e . . vH	25,5	9,1

Zahlentafel 15.
Vergleichende Zusammenstellung der Wirkungsgrade.

Bezeichnung des Zylinders	Druckverhältnis $\dfrac{p}{p_0}$	angewendete Kühlung	indizierter Wirkungsgrad (nach Lebrecht) η_1	thermischer Wirkungsgrad (nach Richter) η_2	Arbeitsverhältnis (nach Richter) η_3	indizierter Wirkungsgrad η_i	Wirkungsgrad ohne Leitungsverlust η_v
Zylinder I (ohne Druckausgleich) 54 Umdrehungen in der Minute	2,50	schwach	0,873	0,810	0,670	0,761	0,838
	»	stark	0,882	0,808	0,677	0,769	0,841
	5,00	schwach	0,806	0,691	0,504	0,631	0,712
	»	stark	0,816	0,689	0,511	0,639	0,715
	7,00	schwach	0,735	0,604	0,417	0,546	0,661
	»	stark	0,746	0,604	0,423	0,554	0,665
Zylinder I (ohne Druckausgleich) 80 Umdrehungen in der Minute	2,50	schwach	0,856	0,817	0,657	0,746	0,834
	»	stark	0,865	0,817	0,664	0,754	0,838
	5,00	schwach	0,812	0,736	0,508	0,636	0,770
	»	stark	0,822	0,738	0,515	0,644	0,775
	7,00	schwach	0,710	0,664	0,420	0,550	0,697
	»	stark	0,750	0,667	0,426	0,557	0,703
Zylinder I (ohne Druckausgleich) 105 Umdrehungen in der Minute	2,50	schwach	0,837	0,810	0,642	0,730	0,822
	»	stark	0,817	0,810	0,649	0,738	0,826
	5,00	schwach	0,799	0,745	0,500	0,626	0,769
	»	stark	0,810	0,718	0,507	0,634	0,775
	7,00	schwach	0,730	0,689	0,414	0,512	0,707
	»	stark	0,739	0,691	0,419	0,519	0,712

Verbundkompression gegenüber einstufiger Kompression

Zylinder I mit Druckausgleich	Zylinder I und Zylinder II Verbund Versuch Nr. 80	Zylinder I ohne Druckausgleich	Zylinder II	Zylinder I mit Druckausgleich	Zylinder I und Zylinder II Verbund Versuch Nr. 81
einstufig	Verbund	einstufig			Verbund
6,86	6,86	6,86	6,86	6,86	6,86
—	2,56	—	—	—	2,51
—	2,68	—	—	—	2,70
54 schwach	53,7 schwach	54 stark	54 stark	54 stark	53,7 stark
—	—	0,766	—	—	—
—	—	—	0,738	—	—
0,121	0,772	0,559	0,687	0,131	0,789
46 400	25 500	35 200	28 630	45 650	24 930
1,968	1,968	1,968	1,968	1,968	1,968
45,0	—	29,2	12,9	45,3	—
42,7	—	25,6	8,5	42,6	—

Zahlentafel 16. Vergleichende Zusammenstellung der Wirkungsgrade.

Bezeichnung des Zylinders	Druckverhältnis $\frac{p}{p_0}$	angewendete Kühlung	indizierter Wirkungsgrad (nach Lebrecht) η_1	thermischer Wirkungsgrad (nach Richter) η_2	Arbeitsverhältnis (nach Richter) η_3	Indizierter Wirkungsgrad η_i	Wirkungsgrad ohne Leitungsverlust η_v
Zylinder II 54 Umdrehungen in der Minute	2,50	schwach	0,824	0,767	0,632	0,718	0,792
	»	stark	0,840	0,761	0,644	0,732	0,798
	5,00	schwach	0,895	0,752	0,560	0,701	0,815
	»	stark	0,916	0,742	0,573	0,717	0,818
	7,00	schwach	0,899	0,716	0,510	0,668	0,795
	»	stark	0,923	0,709	0,524	0,686	0,801
	9,00	schwach	0,886	0,678	0,468	0,632	0,765
	»	stark	0,910	0,670	0,480	0,649	0,770
Zylinder II 80 Umdrehungen in der Minute	2,50	schwach	0,788	0,746	0,605	0,687	0,765
	»	stark	0,804	0,749	0,617	0,701	0,774
	5,00	schwach	0,886	0,771	0,555	0,694	0,822
	»	stark	0,904	0,769	0,566	0,708	0,829
	7,00	schwach	0,901	0,747	0,511	0,669	0,814
	»	stark	0,921	0,745	0,523	0,684	0,822
	9,00	schwach	0,892	0,713	0,471	0,636	0,789
	»	stark	0,916	0,716	0,483	0,653	0,801
Zylinder II 105 Umdrehungen in der Minute	2,50	schwach	0,779	0,752	0,598	0,679	0,763
	»	stark	0,791	0,756	0,609	0,692	0,772
	5,00	schwach	0,889	0,788	0,556	0,696	0,833
	»	stark	0,907	0,787	0,567	0,710	0,810
	7,00	schwach	0,905	0,771	0,513	0,672	0,829
	»	stark	0,926	0,772	0,526	0,688	0,839
	9,00	schwach	0,897	0,743	0,474	0,640	0,809
	»	stark	0,921	0,747	0,486	0,657	0,820

Zahlentafel 17. Vergleichende Zusammenstellung der Wirkungsgrade.

Bezeichnung des Zylinders	Druckverhältnis $\dfrac{p}{p_0}$	angewendete Kühlung	indizierter Wirkungsgrad (nach Lebrecht) r_1	thermischer Wirkungsgrad (nach Richter) η_2	Arbeitsverhalt is (nach Richter) η_3	indizierter Wirkungsgrad η_1	Wirkungsgrad ohne Leitungsverlust η_1
Zylinder I (mit Druckausgleich) 54 Umdrehungen in der Minute	2,50	schwach	0,763	0,706	0,585	0,665	0,732
	»	stark	0,773	0,708	0,593	0,674	0,737
	5,00	schwach	0,649	0,559	0,406	0,508	0,599
	»	stark	0,660	0,562	0,413	0,517	0,605
	7,00	schwach	0,564	0,471	0,320	0,419	0,511
	»	stark	0,573	0,473	0,326	0,426	0,517
Zylinder I (mit Druckausgleich) 80 Umdrehungen in der Minute	2,50	schwach	0,772	0,735	0,592	0,673	0,751
	»	stark	0,780	0,734	0,598	0,680	0,755
	5,00	schwach	0,664	0,599	0,416	0,520	0,628
	»	stark	0,673	0,602	0,421	0,527	0,633
	7,00	schwach	0,583	0,517	0,331	0,433	0,546
	»	stark	0,592	0,520	0,336	0,440	0,551
Zylinder I (mit Druckausgleich) 105 Umdrehungen in der Minute	2,50	schwach	0,748	0,726	0,574	0,652	0,735
	»	stark	0,755	0,724	0,579	0,658	0,737
	5,00	schwach	0,665	0,637	0,416	0,521	0,649
	»	stark	0,674	0,639	0,422	0,528	0,655
	7,00	schwach	0,592	0,573	0,336	0,440	0,581
	»	stark	0,602	0,577	0,342	0,447	0,587

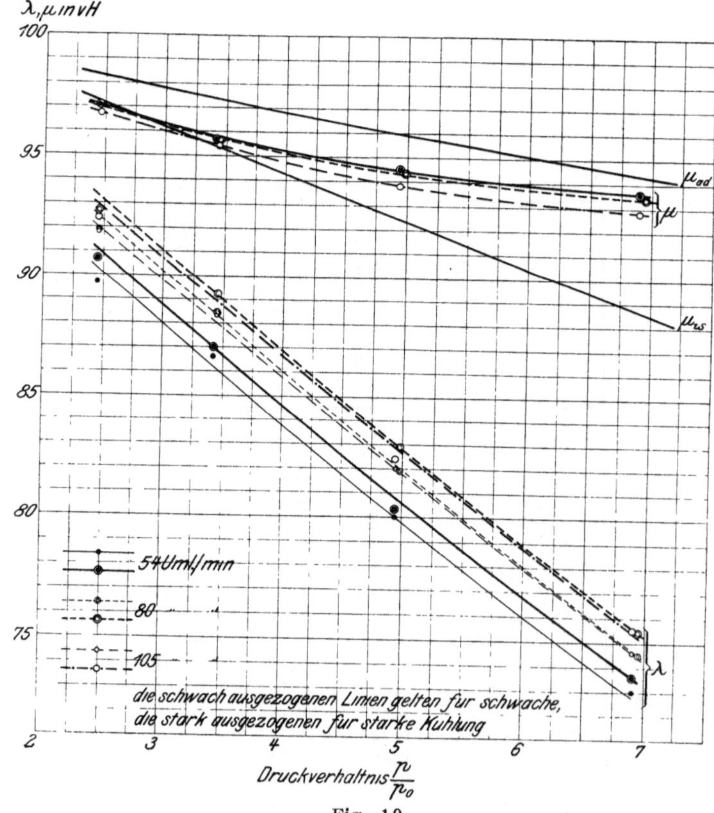

Fig. 19.

Zylinder I (ohne Druckausgleich). Lieferungsgrad λ und volumetrischer Wirkungsgrad μ.

a) Versuche mit dem Zylinder I ohne Druckausgleich.

Wie aus den Zahlentafeln 4 bis 6 und Fig. 19 ersichtlich ist, nimmt der Lieferungsgrad λ mit wachsendem Druckverhältnis rasch ab, und zwar in bedeutend stärkerem Maße als der volumetrische Wirkungsgrad μ. Die Ursache hierfür liegt in der größeren Erwärmung der Luft während des Ansaugens bei den größeren Druckverhältnissen.

Die Temperaturerhöhung der Luft während des Ansaugens wird einesteils durch Mischen der Restluft mit der frisch angesaugten Luft, andernteils durch Einwirkung der Wandungen verursacht. Daß für die wachsende Temperaturerhöhung während des Ansaugens mit Vergrößerung des Druckverhältnisses die Wandungswirkung von ausschlaggebender Bedeutung ist, zeigt ein Vergleich

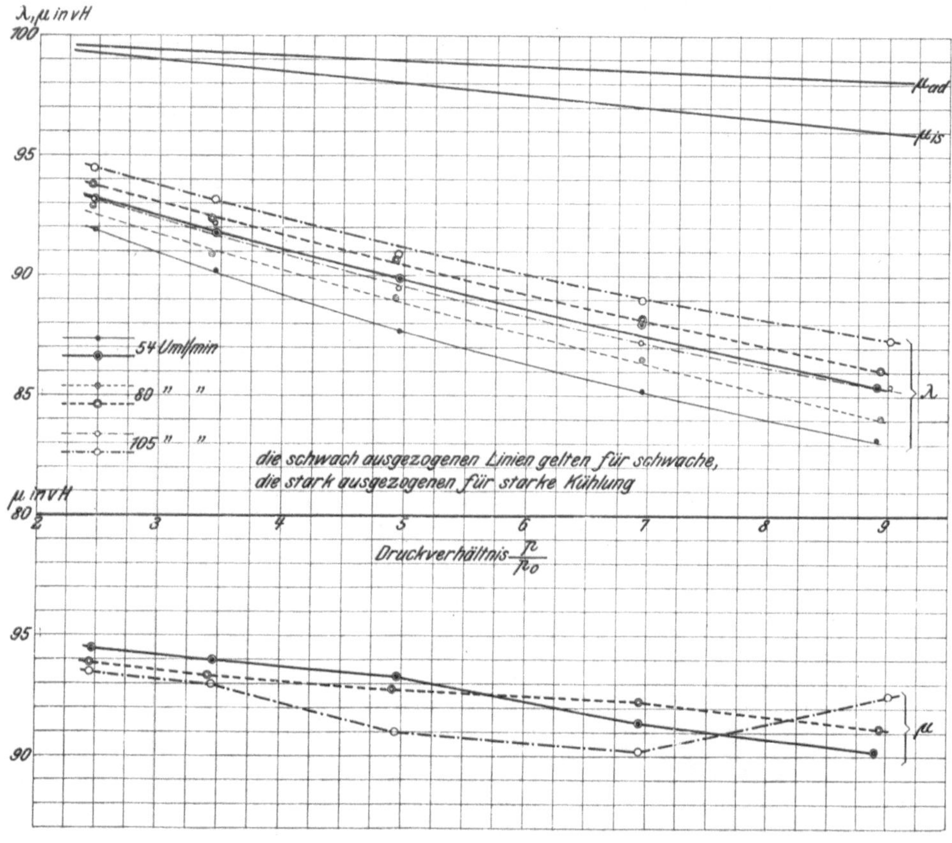

Fig. 20
Zylinder II. Lieferungsgrad λ und volumetrischer Wirkungsgrad μ.

der Mischungstemperaturen t_m und der Lufttemperaturen am Ende des Saughubes t_1. Während die Temperaturen t_m mit wachsendem Druckverhältnis etwas abnehmen, steigen die Temperaturen t_1 erheblich.

Bei Erhöhung der Umlaufzahl von 54 auf 80 i. d. Min. beträgt die Zunahme des Lieferungsgrades rund 2 vH, während bei weiterer Steigerung der Umdrehungszahl auf 105 i. d. Min. eine geringe Abnahme vorhanden ist. Dieses Verhalten findet seine Erklärung in der zu Ende des Ausschiebens vorhandenen höheren Wandungstemperatur. Dadurch ist, trotz der geringeren Zeitdauer des Saughubes, die Erwärmung der Luft bei 105 Umdrehungen i. d. Min. größer als bei 80. Auch im Wachsen der Temperatur t_s der rückexpandierten Luft mit gesteigerter Umlaufzahl zeigt sich der Einfluß der höheren Wandungstemperatur am Hubende.

Die Stärke der Kühlung ist auf den Lieferungsgrad von weit geringerem Einfluß als das Druckverhältnis. Die durch verstärkte Kühlwasserzuführung erreichte Verbesserung des Lieferungsgrades beträgt bei allen Umlaufzahlen etwa 1 vH.

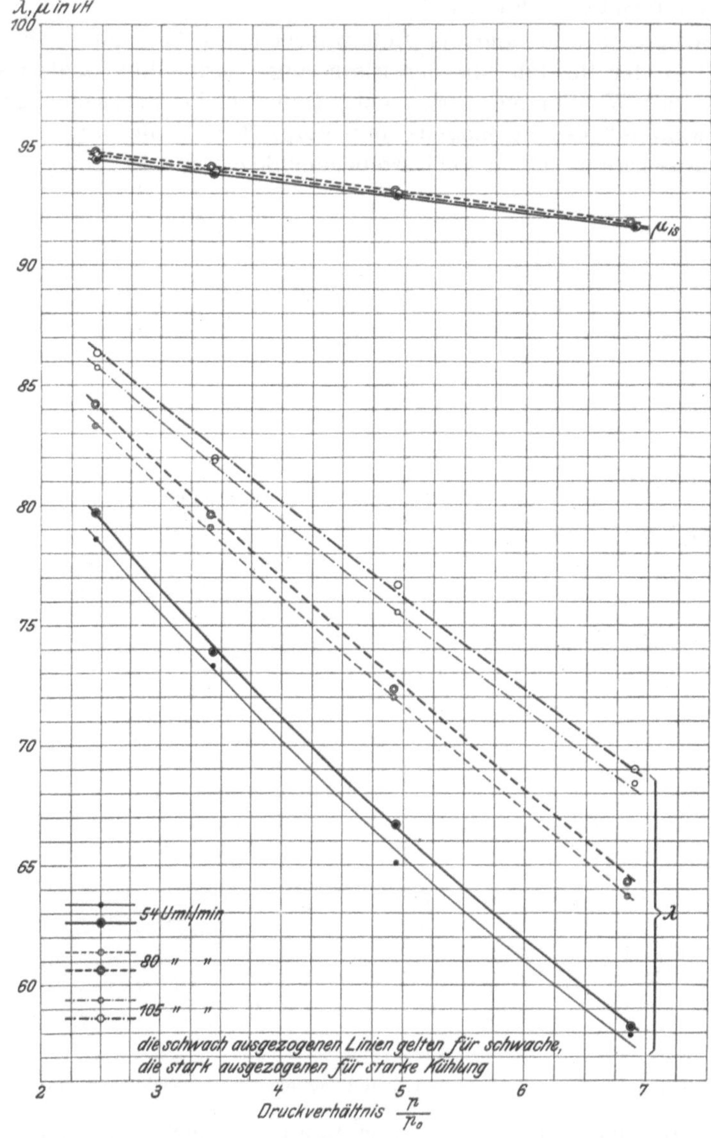

Fig. 21.

Zylinder I (mit Druckausgleich). Lieferungsgrad λ und volumetrischer Wirkungsgrad μ.

Der indizierte Wirkungsgrad η_i ist für ein gegebenes Druckverhältnis vom Lieferungsgrad und vom mittleren indizierten Druck abhängig. Wächst der Lieferungsgrad mit der Umdrehungszahl schneller als der mittlere indizierte Druck, so erhöht sich auch der indizierte Wirkungsgrad. Dieser Fall tritt bei Erhöhung der Umlaufzahl von 54 auf 80 i. d. Min. für Druckverhältnisse über 4 ein. Bei den niedrigen Druckverhältnissen nehmen die η_i-Werte mit Erhöhung der Umlaufzahl ab. Als Folge der Abnahme des Lieferungsgrades und des

Anwachsens des mittleren indizierten Druckes bei Steigerung der Umdrehungszahl von 80 auf 105 i d. Min. tritt eine Verringerung des indizierten Wirkungsgrades ein. Die Verbesserung von η_i durch stärkere Kühlung hat ihren Grund
allein in der Erhöhung von λ, da der mittlere indizierte Druck von der Stärke

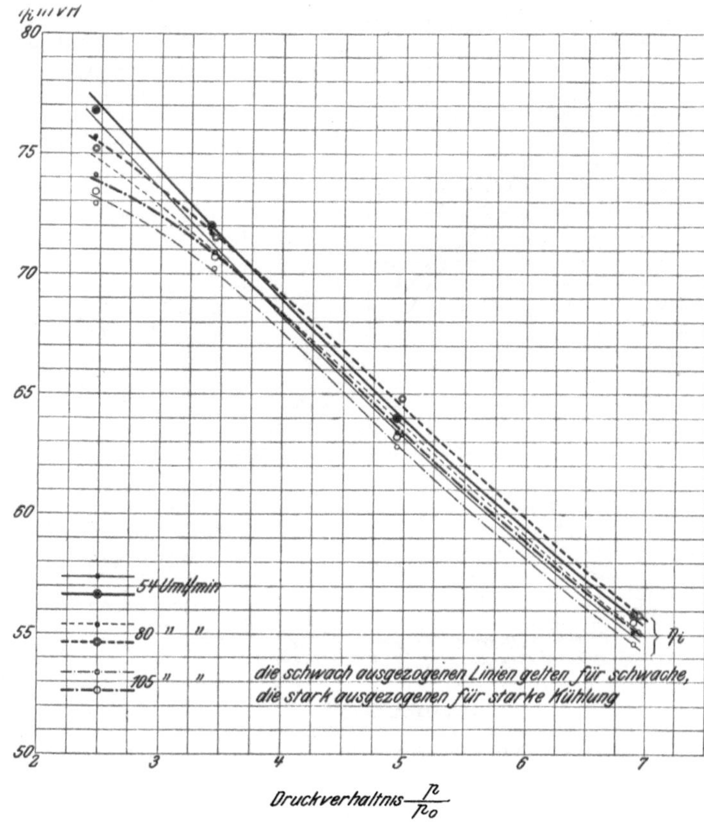

Fig. 22. Zylinder I (ohne Druckausgleich). Indizierter Wirkungsgrad η_i.

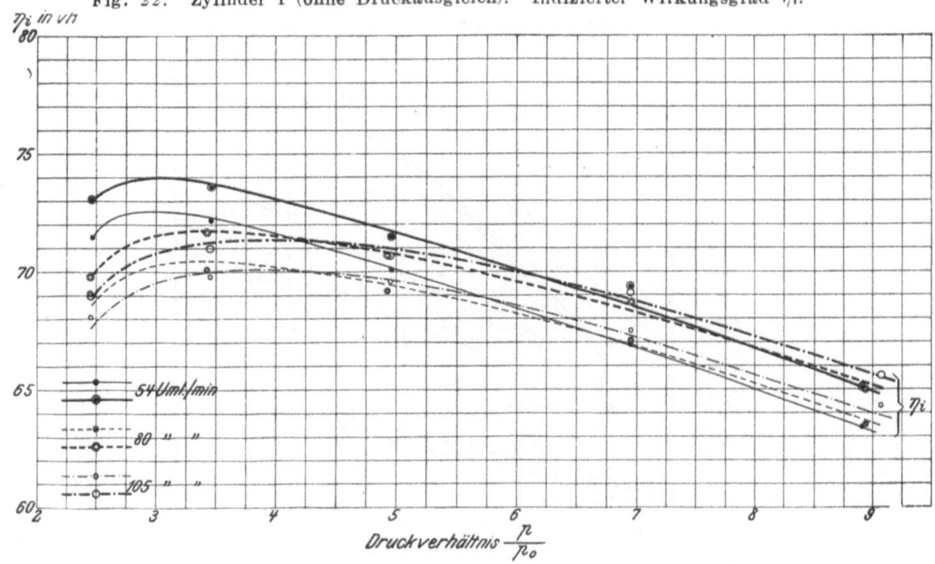

Fig. 23. Zylinder II. Indizierter Wirkungsgrad η_i.

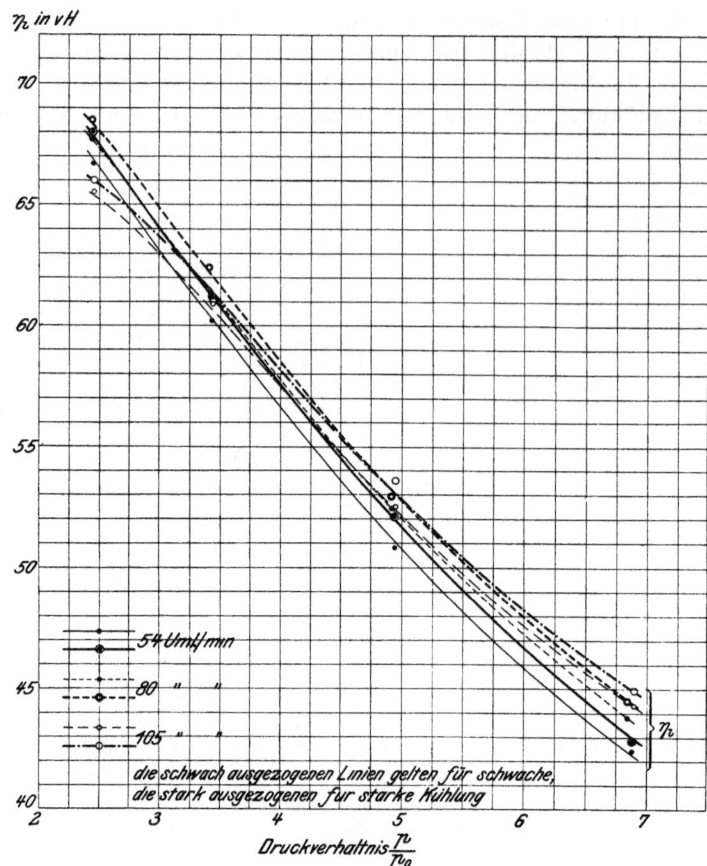

Fig. 24. Zylinder I (mit Druckausgleich). Indizierter Wirkungsgrad r_{i}.

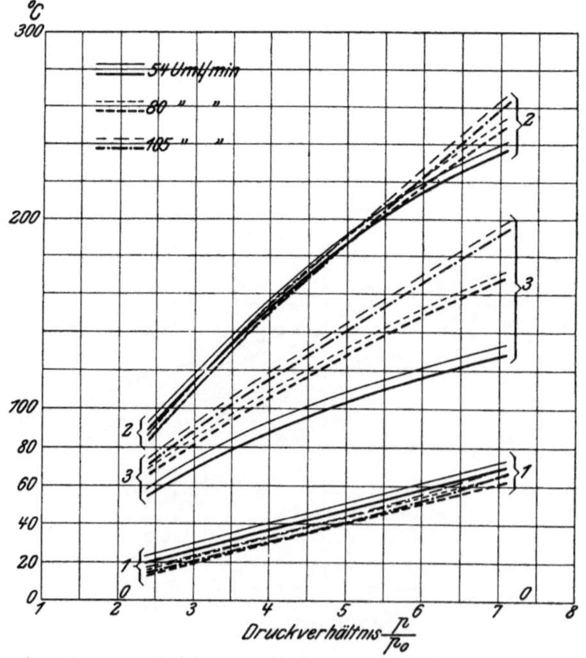

Fig. 25. Zylinder I (ohne Druckausgleich). Aenderung der Lufttemperatur beim Ansaugen 0—1,
bei der Kompression 1—2, beim Ausschieben 2—3.

der Kühlung nicht merkbar abhängig ist. Da wegen der Widerstände in den Steuerungsorganen bei dem Druckverhältnis 1 der indizierte Wirkungsgrad Null sein muß, und da derselbe bei den untersuchten Druckverhältnissen ständig abnimmt, so wird der Höchstwert von η_i bei sehr kleinem Druckverhältnis zu

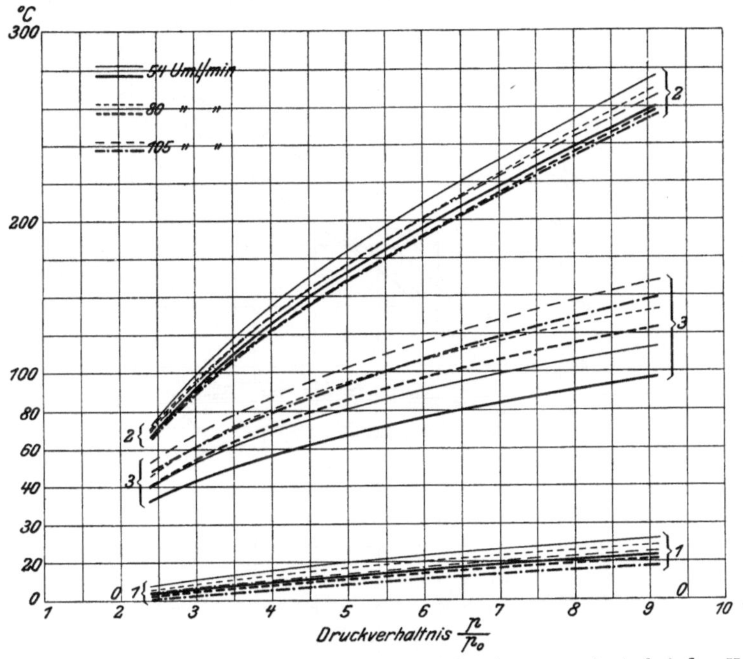

Fig. 26. Zylinder II. Aenderung der Lufttemperatur beim Ansaugen 0—1, bei der Kompression 1—2, beim Ausschieben 2—3.

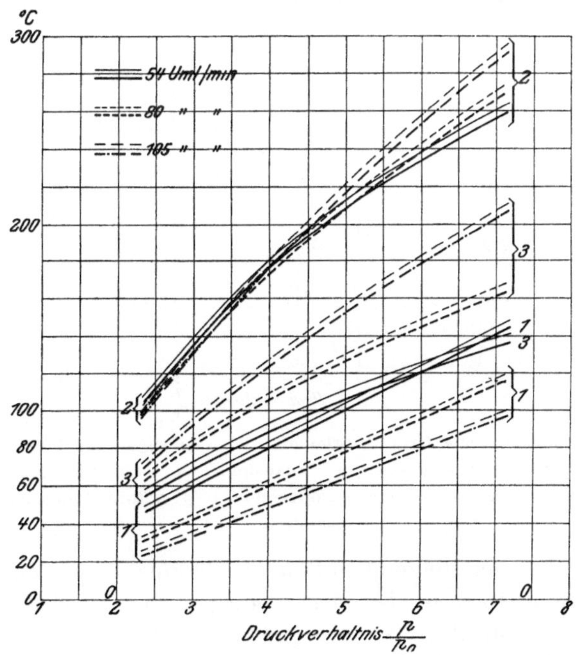

Fig. 27. Zylinder I (mit Druckausgleich). Aenderung der Lufttemperatur beim Ansaugen 0—1, bei der Kompression 1—2, beim Ausschieben 2—3.

erwarten sein. Auf diesen Größtwert deutet der Verlauf der η_i-Werte, Fig. 22, deutlich hin, und zwar wird dieser größte Wert bei größerem Druckverhältnis liegen, je höher die Umdrehungszahl ist.

In Fig. 25 sind die Aenderungen der mittleren Lufttemperatur dargestellt. Die steigende Erwärmung der Luft während des Ansaugens erklärt die starke Abnahme

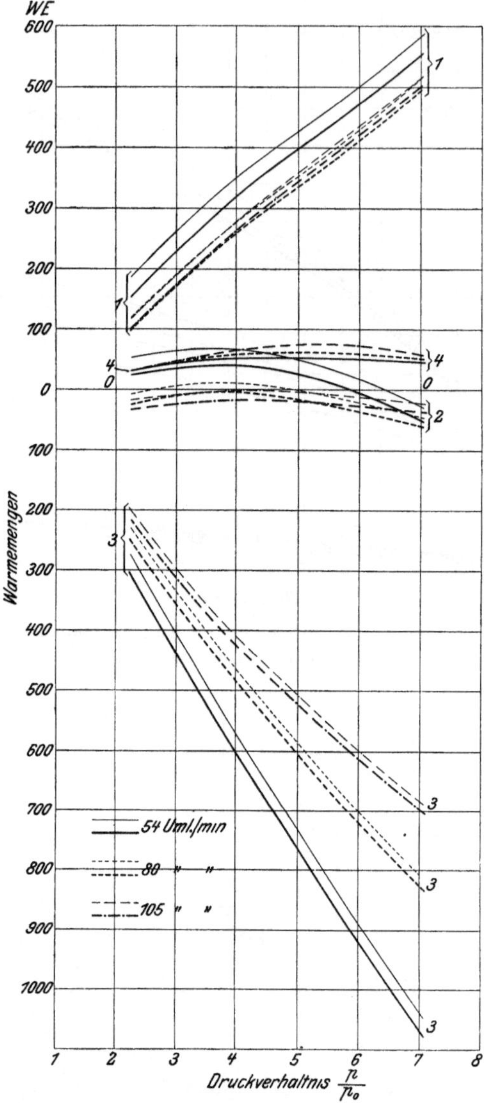

Fig. 28. Zylinder I (ohne Druckausgleich). Warmemengen für 1000 Umdrehungen.
Zugeführte Wärmemenge während der Expansion 0—4, während des Ansaugens 4—1.
Abgeführte Warmemenge wähend der Kompression 1—2, während des Ausschiebens 2—3,
gesamte 0—3.

des Lieferungsgrades bei steigendem Druckverhältnis. Die Temperaturerhöhung während der Kompression ist bei den niedrigen Druckverhältnissen wenig abhängig von der Umlaufzahl. Bei den größeren Druckverhältnissen ist dagegen mit wachsender Umlaufzahl eine Vergrößerung der Erwärmung unverkennbar. Die Abkühlung während des Ausschiebens wird wegen der zur Verfügung stehenden kürzeren Zeitdauer geringer, je größer die Umlaufzahl ist, was ein Steigen der Temperatur zu Beginn der Expansion zur Folge hat.

Die in den einzelnen Abschnitten übergehenden Wärmemengen bei 1000 Umdrehungen zeigt Fig. 28. Die Stärke der Kühlung beeinflußt hauptsächlich die während des Ansaugens von den Wänden an die Luft übergehende Wärme. Während die stärkere Kühlwasserzuführung eine geringe Vergrößerung der während der Kompression und während des Ausschiebens abgeführten Wärmemengen nur bei kleinster Umdrehungszahl und den größeren Druckverhältnissen erkennen läßt, ist dieselbe auf die Größe der während der Expansion übergehenden Wärmemenge ohne merkbaren Einfluß. Die gesamte abgeführte Wärmemenge wächst bei allen Umdrehungszahlen mit der Stärke der Kühlwasserzuführung; mit Vergrößerung der Umlaufzahl nimmt sie ab, und zwar stärker, je größer das Druckverhältnis ist.

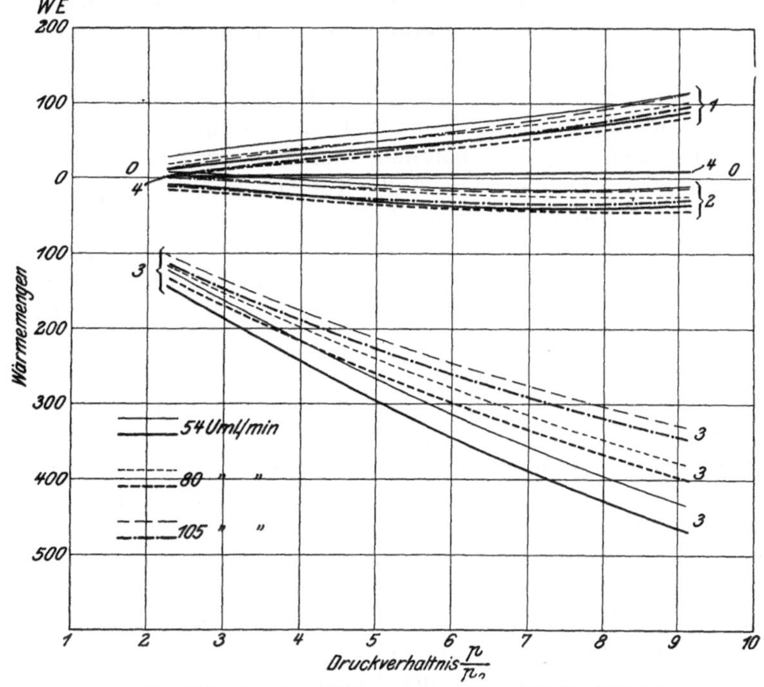

Fig. 29. Zylinder II. Wärmemengen für 1000 Umdrehungen.
Zugeführte Wärmemenge während der Expansion 0—4, während des Ansaugens 4—1.
Abgeführte Wärmemenge während der Kompression 1—2, während des Ausschiebens 2—3,
gesamte 0—3.

Mit Erhöhung der Umdrehungszahl wächst nur die während der Expansion von den Wänden an die Luft abgegebene Wärme, alle anderen Wärmemengen nehmen ab, und zwar am bedeutendsten die während des Ausschiebens von den Wänden aufgenommene Wärmemenge. Es ergibt sich hiernach, daß zur Vergrößerung der gesamten abgeführten Wärmemenge bei verstärkter Kühlung fast ausschließlich die verringerte Wärmeabgabe der Wandungen während des Ansaugens beiträgt, und daß die Verminderung der gesamten abgeführten Wärme bei erhöhter Umlaufzahl in der Hauptsache durch die verringerte Wärmeabgabe der Luft während des Ausschiebens verursacht wird.

b) Versuche mit dem Zylinder II.

Den Verlauf des Lieferungsgrades λ und des volumetrischen Wirkungsgrades μ zeigt Fig. 20. Die Abnahme des Lieferungsgrades mit wachsendem

Druckverhältnis ist bei diesem Zylinder viel geringer als bei Zylinder I. Die Ursache für die Verschlechterung von λ mit Erhöhung des Druckverhältnisses ist auch hier die steigende Erwärmung der Luft während des Ansaugens (vergl. die Temperaturen t_m und t_1 Zahlentafel 7 bis 9). Der eigentümliche Verlauf des volumetrischen Wirkungsgrades bei der größten Umlaufzahl steht im Zusammenhange mit Indikatorschwingungen während des Schreibens der Expansionslinie, was durch Indikatordiagramme bestätigt wurde, die bei gleichen Verhältnissen mit sehr starken Federn genommen worden waren. Mit Erhöhung der Umlaufzahl steigt der Lieferungsgrad beständig, als Folge der geringeren Erwärmung während des Ansaugens. Die Verbesserung des Lieferungsgrades durch stärkere Kühlung ist erheblich größer als bei dem Zylinder I. Dieselbe beträgt im Mittel 1,3 vH für $\frac{p}{p_0} = 2{,}5$ und 2 vH für $\frac{p}{p_0} = 9$. Die geringere Abnahme des Lieferungsgrades mit wachsendem Druckverhältnis und die stärkere Zunahme desselben mit vermehrter Kühlwasserzuführung haben ihren Grund darin, daß die Kühlwirkung während des Ansaugens viel besser ist als bei Zylinder I Da der Zylinder II einfachwirkend ist, so bleiben die nach der Kurbel zu gelegenen Teile der Zylinderwand dauernd kühl, während bei Zylinder I die angesaugte Luft gegen Ende des Saughubes mit den erwärmten Wandungsteilen in Berührung kommt, und der ungekühlte Kolben ein Uebergehen von Wärme von der einen auf die andere Kolbenseite gestattet. Erschwert wird außerdem die Erwärmung der Luft während des Ansaugens bei Zylinder II dadurch, daß zufolge des bei größeren Druckverhältnissen höheren Lieferungsgrades das Luftgewicht im Verhältnis zum Rauminhalt des Zylinders erheblich größer ist, als bei Zylinder I.

Mit wachsendem Druckverhältnis nimmt der indizierte Wirkungsgrad η_i, Fig. 23, bei allen Umdrehungszahlen erst zu, dann ab. Die Abnahme ist aber bedeutend geringer als bei Zylinder I, eine Folge der langsamen Abnahme von λ und des geringeren mittleren indizierten Druckes bei großen Druckverhältnissen. Der Höchstwert von η_i liegt bei allen Umlaufzahlen innerhalb des untersuchten Gebietes des Druckverhältnisses Deutlich erkennt man, daß die Abnahme des indizierten Wirkungsgrades erst bei größerem Druckverhältnis beginnt, je höher die Umdrehungszahl ist. Die Verbesserung von η_i durch Anwendung großer Kühlwassermengen ist eine Folge der Zunahme von λ, da der mittlere indizierte Druck durch die Stärke der Kühlung nicht merklich verändert wird. Da bei Erhöhung der Umlaufzahl der mittl. indizierte Druck bei den kleinen Druckverhältnissen verhältnismäßig stärker wächst, als bei den größeren, so ist die Erhöhung des Lieferungsgrades durch Steigerung der Umlaufzahl zu einer Verbesserung des indizierten Wirkungsgrades nicht ausreichend. Deshalb hat eine Erhöhung der Umlaufzahl bei kleinen Druckverhältnissen eine Verminderung der η_i-Werte zur Folge. Nur bei Druckverhältnissen unter etwa 3,5 bis 3 ist der indizierte Wirkungsgrad von Zylinder II geringer als der von Zylinder I; bei größeren Druckverhältnissen ist derselbe ganz erheblich besser. Das liegt daran, daß bei größeren Druckverhältnissen der Lieferungsgrad des Zylinders II größer, der mittlere indizierte Druck aber geringer ist als bei Zylinder I.

Die Aenderung der Lufttemperatur ist in Fig. 26 dargestellt. Die Temperaturerhöhung während des Ansaugens nimmt mit steigender Umdrehungszahl stetig ab. Auf die Temperaturerhöhung bei der Kompression hat die Umlaufzahl keinen merkbaren Einfluß. Die Temperaturerniedrigung beim Ausschieben wird mit steigender Umdrehungszahl geringer.

Die Wärmemengen für 1000 Umdrehungen zeigt Fig. 29. Es ist zu bemerken, daß die während der Expansion von der Wand abgegebene Wärme weder von der Kühlung, noch von der Umlaufzahl merkbar abhänig ist. Im übrigen zeigen die Wärmemengen einen ähnlichen Verlauf wie beim Zylinder I. Im besonderen wird auch hier durch die Kühlung in der Hauptsache die während des Ansaugens von der Luft aufgenommene Wärme beeinflußt. Die mit wachsender Umlaufzahl eintretende Abnahme der gesamten abgeführten Wärme wird auch bei diesem Zylinder hauptsächlich durch eine Verminderung der während des Ausschiebens an die Wand abgegebenen Wärme bestritten.

c) Versuche mit Zylinder I mit Druckausgleich.

Die Zahlentafeln 10 bis 12 und die Figuren 21, 24 und 27 enthalten die Ergebnisse dieser Versuche. Fig. 21 zeigt den schon bei Zylinder I ohne Druckausgleich beobachteten starken Abfall des Lieferungsgrades mit Vergrößerung des Druckverhältnisses. Die λ-Werte sind aber erheblich geringer als bei Nichtbenutzung des Druckausgleichs. Die Verbesserung des Lieferungsgrades durch stärkere Kühlung beträgt (wie bei Zylinder I ohne Druckausgleich) etwa 1 vH. Eine Erhöhung der Umlaufzahl von 54 auf 80 i. d. Min. bezw. von 80 auf 105 bewirkt ein Anwachsen des Lieferungsgrades beim Druckverhältnis 2,5 um 5 bezw. 2,5 vH, beim Druckverhältnis 7 um 6 bezw. 4,8 vH.

Dieses fortlaufende Anwachsen von λ bei Erhöhung der Umlaufzahl im Gegensatz zu dem Verhalten des Zylinders I ohne Druckausgleich liegt daran, daß, da bei kleiner Umdrehungszahl die Temperaturerhöhung während des Ansaugens sehr groß ist, die kürzere Zeitdauer für das Ansaugen bei größeren Umlaufzahlen den Einfluß der mit der Umlaufzahl steigenden Temperatur zu Beginn der Expansion überwiegt.

Die Verringerung des Lieferungsgrades bei Anwendung des Druckausgleichs wird verursacht durch Verkürzung des Saughubes und durch stärkere Erwärmung der Luft während des Ansaugens. Daß eine starke Erwärmung während des Ansaugens eintritt, kann schon aus den großen Unterschieden zwischen den Lieferungsgraden und den volumetrischen Wirkungsgraden (λ und μ_{vs} in Fig. 21) geschlossen werden. Fig. 27 zeigt denn auch die starke Zunahme der Temperatur beim Ansaugen. In dieser Figur ist als Temperaturerhöhung während des Ansaugens der Wert $^1/_2\ (t_{1vs} + t_{1ad}) - t_l$ eingetragen. Die Temperaturen zu Ende der Kompression und zu Ende des Ausschiebens verlaufen ganz ähnlich wie bei Zylinder I ohne Druckausgleich. Fig. 24 veranschaulicht die indizierten Wirkungsgrade, die sämtlich viel geringer sind als ohne Druckausgleich, was durch die geringeren Lieferungsgrade in Verbindung mit den, namentlich bei größeren Druckverhältnissen, merklich höheren mittleren indizierten Drücken begründet ist.

d) Versuche mit Zylinder I (ohne Druckausgleich) und Zylinder II in Verbundanordnung.

Zum Vergleich mit den bei einstufiger Kompression erhaltenen Werten sind die Versuche 80 und 81 mit Zylinder I und Zylinder II in Verbundanordnung ausgeführt. Die Ergebnisse finden sich in Zahlentafel 13. Der erreichte Lieferungsgrad des Zylinders I entspricht den bei einstufiger Kompression mit diesem Zylinder für das Druckverhältnis $\frac{p_z}{p_0}$ erhaltenen. Der Lieferungsgrad des Zylinders II ist etwas größer, als bei einstufiger Kompression für das Druckverhältnis $\frac{p}{p_z}$, infolge des größeren angesaugten Luftgewichts und geringerer Erwärmung beim Ansaugen. Die Erhöhung des indizierten Wirkungsgrades bei Verbundkompression gegenüber einstufiger Kompression geht aus Zahlentafel 14 hervor.

Schlußfolgerungen.

Durch die Versuche wird bestätigt, daß es unmöglich ist, die von einem Kompressor angesaugte Luftmenge an Hand des volumetrischen Wirkungsgrades zu bestimmen; betragen doch die Unterschiede zwischen der tatsächlich angesaugten Luftmenge und der aus dem volumetrischen Wirkungsgrad berechneten bei dem Zylinder I (ohne Druckausgleich) bis 21 vH, bei Zylinder II bis 7 vH und bei Zylinder I (mit Druckausgleich) bis 34 vH.

Ein Vergleich der Versuchsergebnisse von Zylinder I ohne Druckausgleich mit den Werten, die bei demselben Zylinder mit Druckausgleich erhalten worden sind, zeigt deutlich, daß durch die Anwendung des Druckausgleichs sowohl der Lieferungsgrad, als auch der indizierte Wirkungsgrad in erheblicher Weise vermindert wird[1]).

Die Versuche lassen erkennen, daß die Stärke der Kühlung von sehr geringem Einfluß auf den volumetrischen Wirkungsgrad, den Exponenten der Kompressions- und Expansionslinie, und den mittleren indizierten Druck ist. Der Nutzen der stärkeren Kühlung beruht demnach im wesentlichen auf Verminderung der Erwärmung der angesaugten Luft während des Saughubes, und in der hierdurch bedingten Erhöhung des Lieferungsgrades. Die für den Lieferungsgrad günstigste Umlaufzahl, und damit die beste Ausnutzung der Maschinengröße, liegt bei Zylinder I (ohne Druckausgleich) bei rund 100 i. d. Min. Bei Zylinder II und Zylinder I (mit Druckausgleich) werden die Lieferungsgrade erst bei höheren Umlaufzahlen, als den untersuchten, ihre Höchstwerte erreichen.

Eine Steigerung des indizierten Wirkungsgrades, und damit eine bessere Ausnützung der aufgewendeten indizierten Kompressorarbeit, tritt durch Erhöhung der Umdrehungszahl über 150 i. d. Min. hinaus nur für die größeren Druckverhältnisse bei Zylinder II und Zylinder I (mit Druckausgleich) ein. Es ist demnach im allgemeinen eine andere Umlaufzahl zu wählen, je nachdem es sich um Lieferung möglichst großer Luftmengen, oder um möglichst günstige Ausnutzung der indizierten Kompressorarbeit handelt.

Die Versuche zeigen ferner, daß der Lieferungsgrad und der indizierte Wirkungsgrad des Zylinders I mit wachsendem Druckverhältnis stark abnimmt, und daß selbst die Verwendung sehr großer Kühlwassermengen eine Steigerung derselben nur in geringem Maße vermag. Beim Zylinder II liegen die Verhältnisse insofern günstiger, als die Abnahme des Lieferungsgrades und des indizierten Wirkungsgrades mit Steigen des Druckverhältnisses eine viel geringere ist, und durch Anwendung großer Kühlwassermengen sich eine erhebliche Verbesserung erzielen läßt.

Als wirksamstes Mittel zur Erhöhung des Lieferungsgrades und des indizierten Wirkungsgrades wird sich daher, namentlich bei doppelt wirkenden

---

[1]) Zu berücksichtigen ist hierbei allerdings, daß der Zylinder I nicht von vornherein für Druckausgleich gebaut ist. Die Verwendung für Druckausgleich durch Auswechseln der Rundschieber ist in gewisser Beziehung als Notbehelf zu betrachten. — Immerhin sind die großen Unterschiede zwischen den volumetrischen Wirkungsgraden und den Lieferungsgraden bemerkenswert.

Kompressoren, sofern größere Druckverhältnisse in Frage kommen, die Anwendung mehrstufiger Kompression mit Zwischenkühlung empfehlen.

Da sich über die Vorteile der mehrstufigen Kompression zum Teil unrichtige Angaben finden, so möge an dieser Stelle eine kurze Betrachtung der Verbundkompression an Hand der Versuchsergebnisse angefügt werden.

Mit Bezug auf Fig. 30 sei für einen Kompressorzylinder ohne schädlichen Raum V der Hubraum (Strecke 4, 1) und 1, 5, 2 die Kompressionslinie. Die zur Kompression vom Druck p_0 auf den Druck p aufgewendete Arbeit ist durch die Fläche 1, 5, 2, 3, 4, 1 dargestellt. Der Lieferungsgrad für das Druckverhältnis $\frac{p}{p_0}$ sei λ. Dann ist die bei einem Hube angesaugte Luftmenge λV.

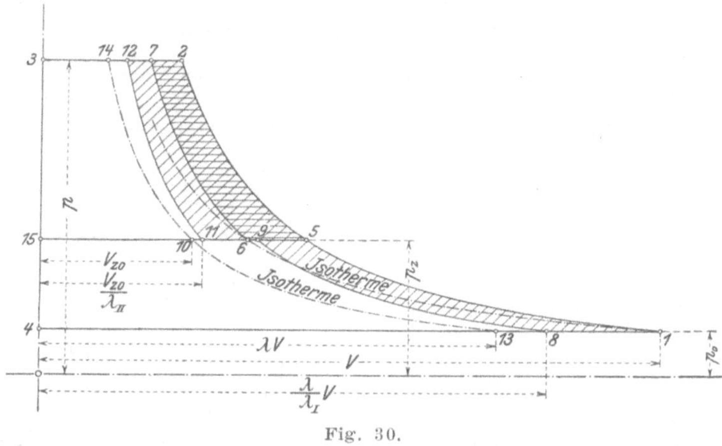

Fig. 30.

Es werde nun die Kompression der gleichen Luftmenge in zwei Zylindern nacheinander vorgenommen, und zwar so, daß im ersten Zylinder (mit dem Hubraum V_I) bis zum Druck p_z komprimiert (Linie 8, 9), darauf im Zwischenkühler auf die Ansaugetemperatur t_0 gekühlt (Linie 9, 10) und endlich im zweiten Zylinder (mit dem Hubraum V_{II}) auf den Enddruck p komprimiert wird (Linie 11, 12). Für den ersten Zylinder ist dann der Lieferungsgrad λ_I (entsprechend dem Druckverhältnis $\frac{p_z}{p_0}$), für den zweiten Zylinder λ_{II} (entsprechend $\frac{p}{p_z}$). Dann muß sein

$$V_I = \frac{\lambda}{\lambda_I} V \quad \text{und} \quad V_{II} = \frac{V_{z0}}{\lambda_{II}} \quad \ldots \ldots \quad (67).$$

wenn das Volumen der angesaugten Luft nach der Kompression auf p_z und Abkühlung auf t_0 V_{z0} beträgt. Die Fläche 4, 8, 9, 11, 12, 3, 4 stellt also in diesem Falle die zur Kompression der angesaugten Luftmenge λV aufgewendete Arbeit dar. Es ergibt sich somit eine Arbeitsersparnis durch Anwendung der Verbundkompression anstelle einstufiger Kompression entsprechend der Fläche 1, 8, 9, 11, 12, 2, 1.

Die Betrachtung der mehrstufigen Kompression ohne Berücksichtigung der Wandungswirkung führt zu Ergebnissen, welche die Vorteile der mehrstufigen Kompression viel zu gering erscheinen lassen. Nach den Angaben in v. Ihering, die Gebläse, 2. Aufl. S. 600 ff. würde z. B. durch die Verbundkompression nur ein Arbeitsminderverbrauch gegenüber einstufiger Kompression entsprechend der Fläche 5, 6, 7, 2, 5 (Fig 30) zu erzielen sein, was im Widerspruch mit den tatsächlichen Verhältnissen steht, wie vorher gezeigt worden ist.

Der Vorteil der Verbundkompression gegenüber einstufiger Kompression in Bezug auf die zur Kompression aufzuwendende Arbeit zeigt sich auch deutlich bei Betrachtung der Zahlentafel 14. In dieser Zahlentafel ist der durch Versuch 80 und 81 ermittelte Arbeitsaufwand bei Verbundkompression der bei einstufiger Kompression aufgewendeten Arbeit für das gleiche Druckverhältnis und die gleiche Umdrehungszahl gegenübergestellt. Die in Zahlentafel 14 angegebenen η_i-Werte für einstufige Kompression entsprechen den in Fig. 22, 23 und 24 für $n = 54$ ausgezogenen Linien.

Mit der Annahme, daß der indizierte Wirkungsgrad der einzelnen Zylinder nur vom Druckverhältnis abhängig ist[1]), kann für andere Druckverhältnisse mit Benutzung der η_i-Werte für einstufige Kompression der Arbeitsaufwand bei Verbundkompression und die gegenüber einstufiger Kompression zu erzielende Arbeitsersparnis bestimmt werden. Ist der indizierte Wirkungsgrad bei einstufiger Kompression η_i für das Druckverhältnis $\frac{p}{p_0}$, bei Verbundkompression für den ersten Zylinder η_{iI} (entsprechend dem Druckverhältnis $\frac{p_z}{p_0}$), für den zweiten Zylinder η_{iII} (entsprechend einem Druckverhältnis $\frac{p}{p_z}$), so ist die Arbeit zur Kompression von 1 cbm angesaugte Luft vom Druck p_0 auf den Druck p:

bei einstufiger Kompression:
$$L' = 10\,000\ p_0\ \frac{\ln \dfrac{p}{p_0}}{\eta_i} \quad\ldots\ldots\quad (68),$$

bei Verbundkompression:
$$L'_{verb} = 10\,000 \left[p_0\ \frac{\ln \dfrac{p_z}{p_0}}{\eta_{iI}} + p_0\ \frac{\ln \dfrac{p}{p_z}}{\eta_{iII}} \right] \quad\ldots\quad (69).$$

Damit ergibt sich die Arbeitsersparnis e bei Anwendung der Verbundkompression gegenüber einstufiger Kompression in vH der letzteren zu

$$e = 100\ \frac{L' - L'_{verb}}{L'} = 100 \left\{ 1 - \frac{\eta_i}{\eta_{iI}\,\eta_{iII}}\ \frac{\eta_{iI} \ln \dfrac{p}{p_z} + \eta_{iII} \ln \dfrac{p_z}{p_0}}{\ln \dfrac{p}{p_0}} \right\} \quad\ldots\quad (70).$$

In Zahlentafel 14, laufende Nr. 11 sind diejenigen Werte der Arbeitsersparnis bei Verbundkompression, welche sich aus den η_i-Werten für einstufige Kompression auf Grund der Beziehung (70) ergeben, eingetragen. Es zeigt sich, daß die durch Versuch 80 und 81 ermittelte Arbeitsersparnis größer ist, als sich nach (70) ergibt. Das liegt an dem größeren indizierten Wirkungsgrad des zweiten Zylinders, eine Folge des größeren Gewichtes der angesaugten Luft.

Indikatordiagramme.

Die Figuren auf Seite 77 bis 81 zeigen eine Auswahl Indikatordiagramme der untersuchten Zylinder.

---

[1]) Bei sonst gleichen Verhältnissen erhöht sich für ein bestimmtes Druckverhältnis der Lieferungsgrad mit wachsendem Gewicht der angesaugten Luft infolge geringerer Erwärmung beim Ansaugen.

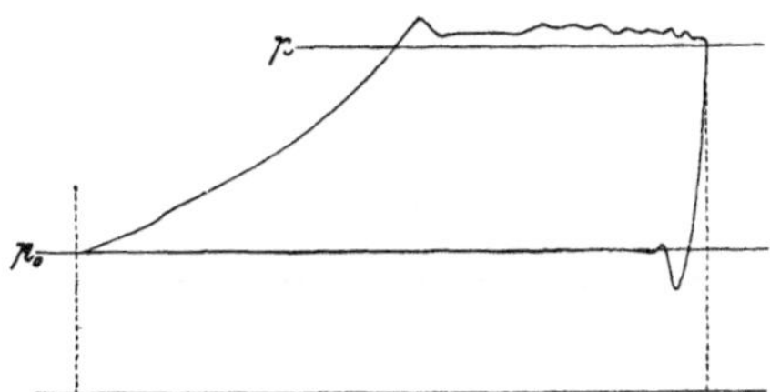

Versuch Nr. 50, vorn.
$p = 2,50$ kg/qcm. $p_0 = 1,02$ kg/qcm,
52,0 Umdr. i. d. Min.

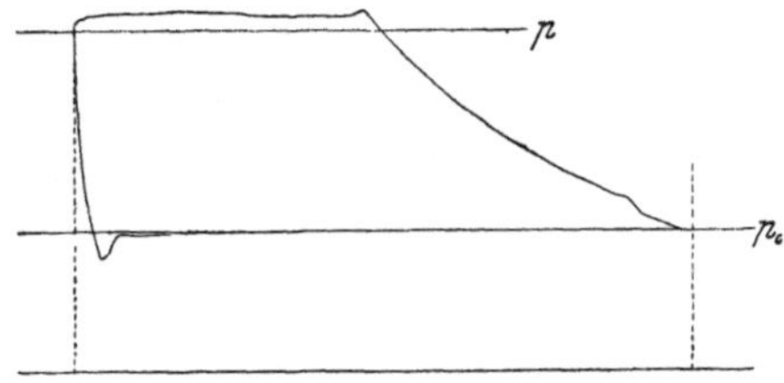

Versuch Nr. 50, hinten.
$p = 2,50$ kg/qcm, $p_0 = 1,02$ kg/qcm,
52,0 Umdr. i. d. Min.

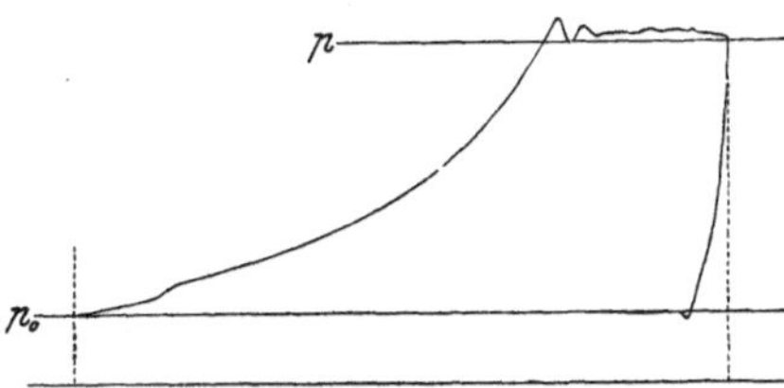

Versuch Nr. 46, vorn.
$p = 5,03$ kg/qcm, $p_0 = 1,02$ kg/qcm,
54,1 Umdr. i. d. Min.

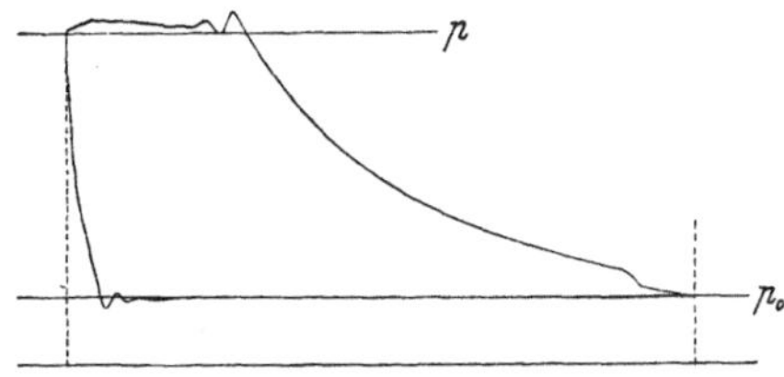

Versuch Nr. 46, hinten.
$p = 5,03$ kg/qcm, $p_0 = 1,02$ kg/qcm,
54,1 Umdr. i. d. Min.

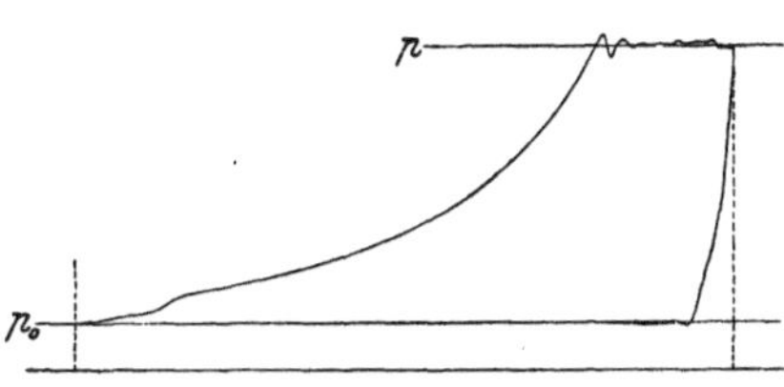

Versuch Nr. 44, vorn.
$p = 7,01$ kg/qcm, $p_0 = 1,02$ kg/qcm,
53,7 Umdr. i. d. Min.

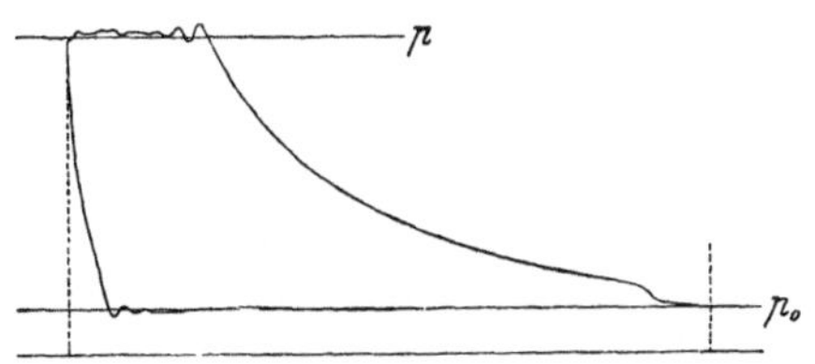

Versuch Nr. 44, hinten.
$p = 7,01$ kg/qcm, $p_0 = 1,02$ kg/qcm,
53,7 Umdr. i. d. Min.

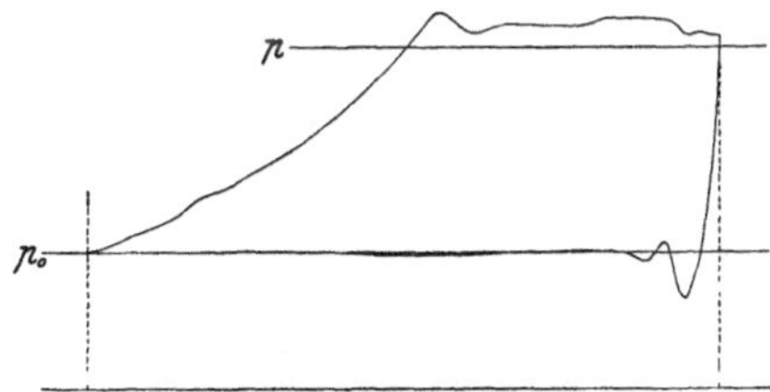

Versuch Nr. 26, vorn.
$p = 2,49$ kg/qcm, $p_0 = 1,01$ kg/qcm,
80,7 Umdr. i. d. Min.

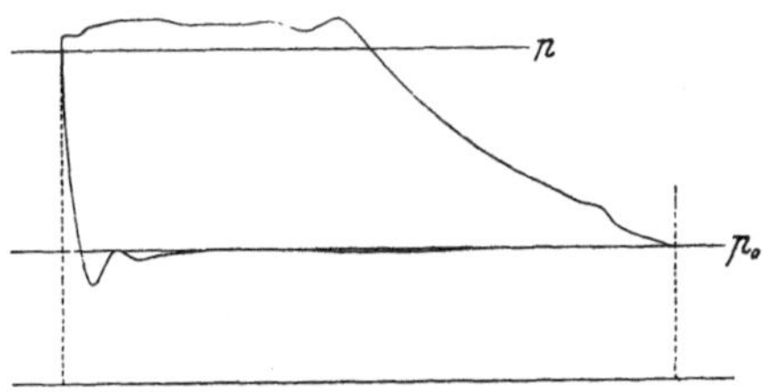

Versuch Nr. 26, hinten.
$p = 2,49$ kg/qcm, $p_0 = 1,01$ kg/qcm,
80,7 Umdr. i. d. Min.

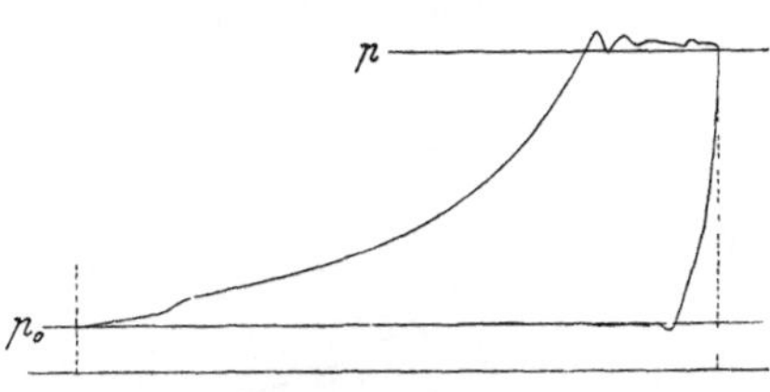

Versuch Nr. 20, vorn.
$p = 7,00$ kg/qcm, $p_0 = 1,01$ kg/qcm,
78,8 Umdr. i d. Min.

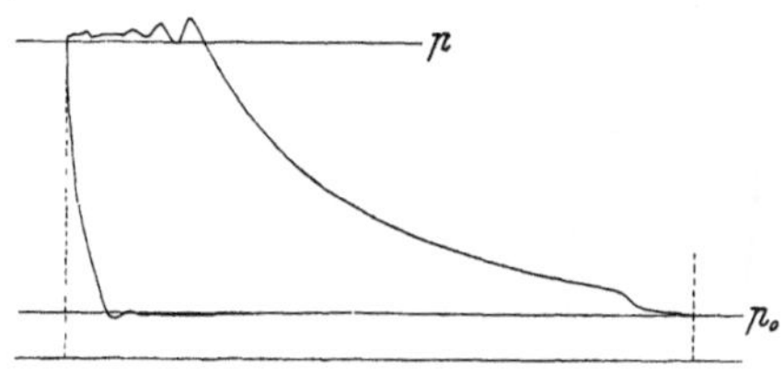

Versuch Nr. 20, hinten.
$p = 7,00$ kg/qcm, $p_0 = 1,01$ kg/qcm,
78,8 Umdr. i. d Min.

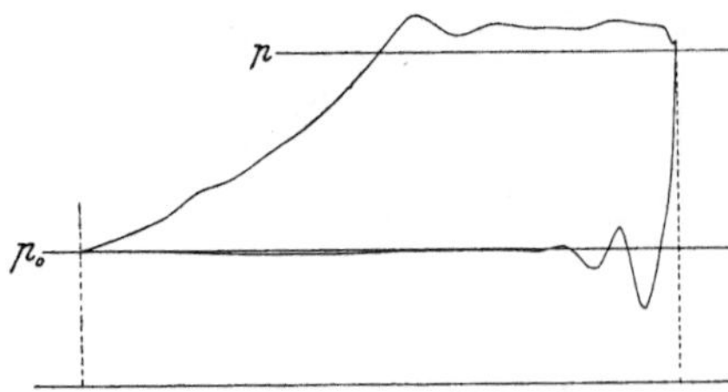

Versuch Nr. 18, vorn.
$p = 2{,}50$ kg/qcm, $p_0 = 1{,}02$ kg/qcm,
106,3 Umdr. i. d. Min.

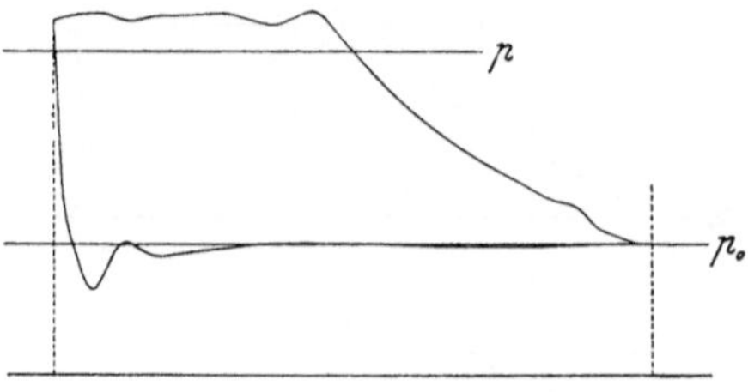

Versuch Nr. 18, hinten.
$p = 2{,}50$ kg/qcm, $p_0 = 1{,}02$ kg/qcm,
106,3 Umdr. i. d. Min.

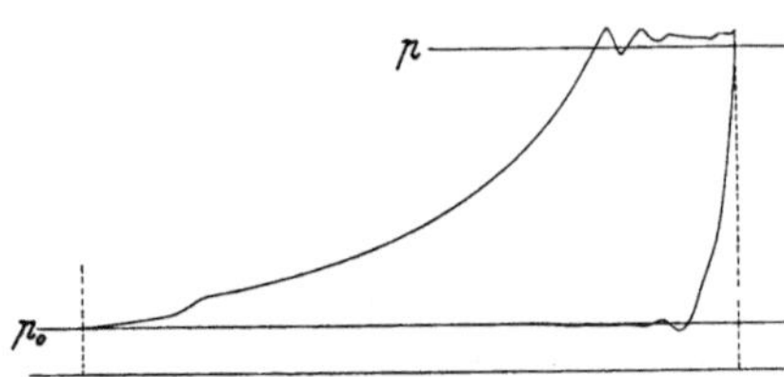

Versuch Nr. 14, vorn.
$p = 7{,}01$ kg/qcm, $p_0 = 1{,}02$ kg/qcm,
103,9 Umdr. i. d. Min.

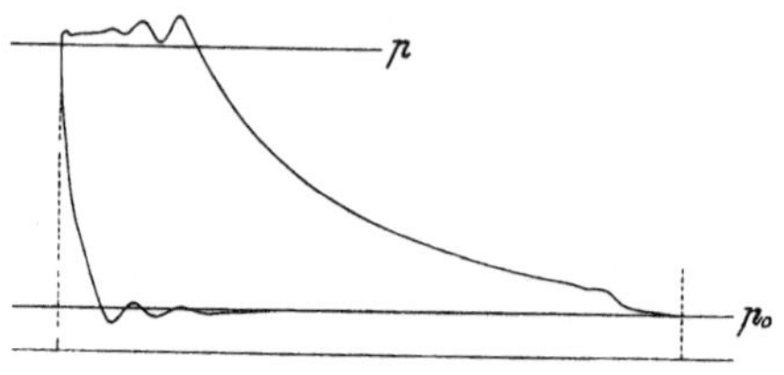

Versuch Nr. 14, hinten.
$p = 7{,}01$ kg/qcm, $p_0 = 1{,}02$ kg/qcm,
103,9 Umdr. i. d. Min.

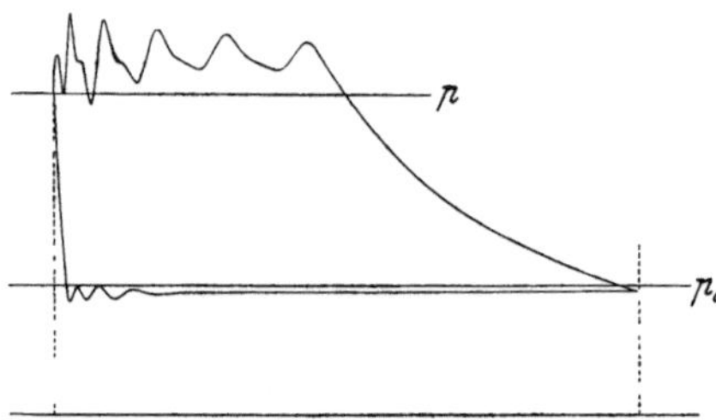

Versuch Nr. 40.
$p = 2{,}49$ kg/qcm, $p_0 = 1{,}01$ kg/qcm,
54,1 Umdr. i. d. Min.

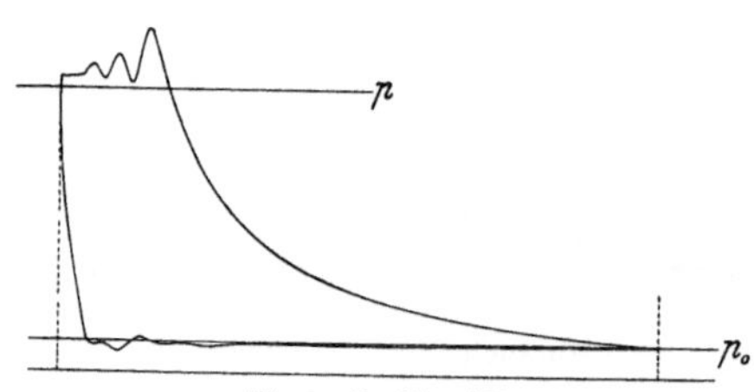

Versuch Nr. 76.
$p = 9{,}00$ kg/qcm, $p_0 = 1{,}00$ kg/qcm,
106,1 Umdr. i. d. Min.

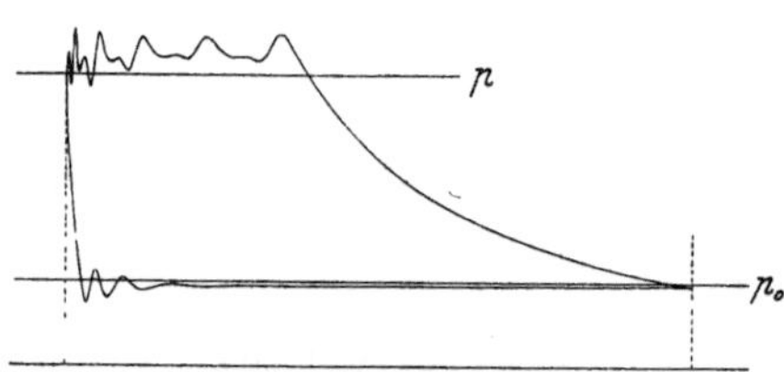

Versuch Nr. 38.
$p = 3{,}48$ kg/qcm, $p_0 = 1{,}01$ kg/qcm,
53,9 Umdr. i. d. Min.

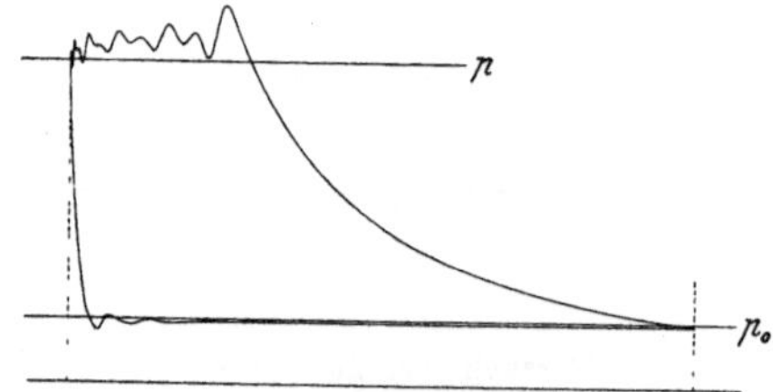

Versuch Nr. 36.
$p = 5{,}02$ kg/qcm, $p_0 = 1{,}01$ kg/qcm,
54,1 Umdr. i. d. Min.

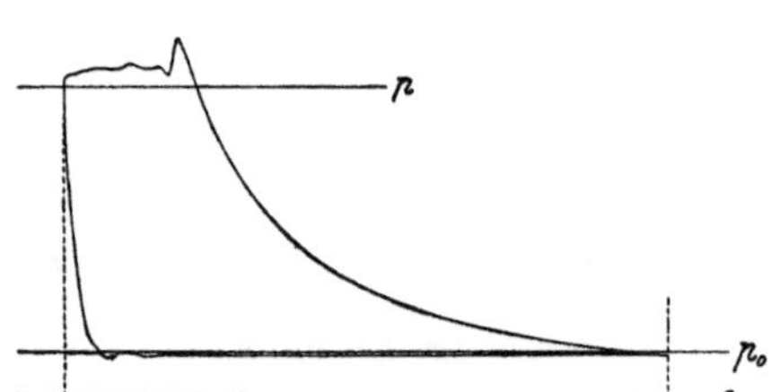

Versuch Nr. 1.
$p = 7{,}07$ kg/qcm, $p_0 = 1{,}02$ kg qcm,
53,7 Umdr. i. d. Min.

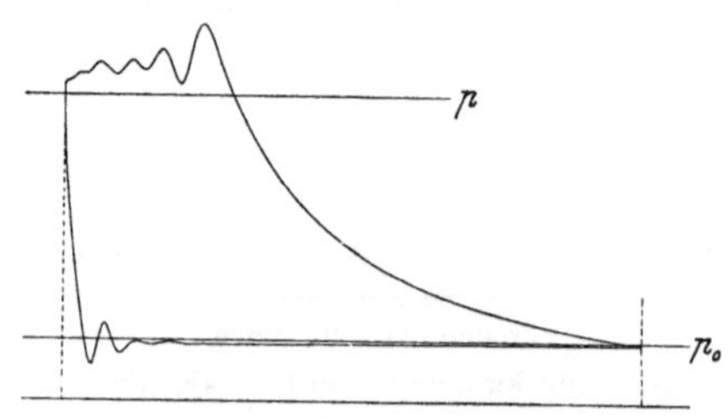

Versuch Nr. 30.
$p = 5{,}03$ kg qcm, $p_0 = 1{,}02$ kg/qcm,
80,3 Umdr. i. d. Min.

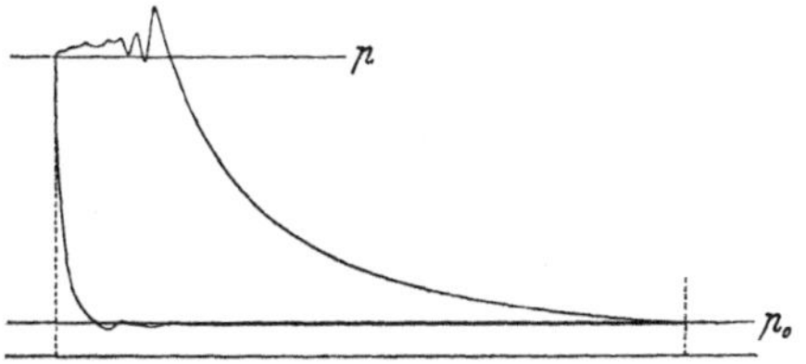

Versuch Nr. 42.
$p = 9{,}01$ kg/qcm, $p_0 = 1{,}01$ kg/qcm,
54,3 Umdr.i. d. Min.

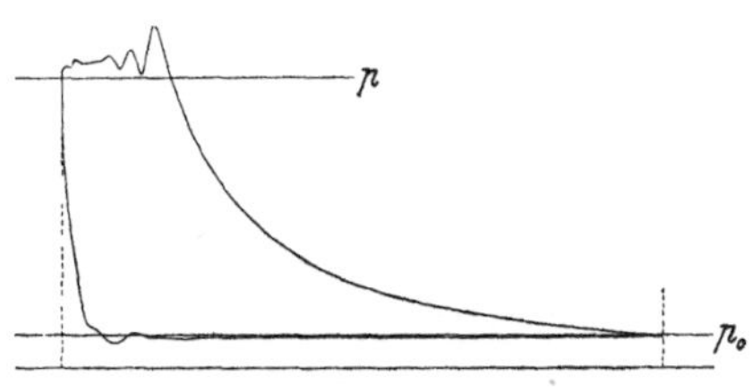

Versuch Nr. 78.
$p = 9{,}01$ kg/qcm, $p_0 = 1{,}01$ kg/qcm,
79,6 Umdr. i. d. Min.

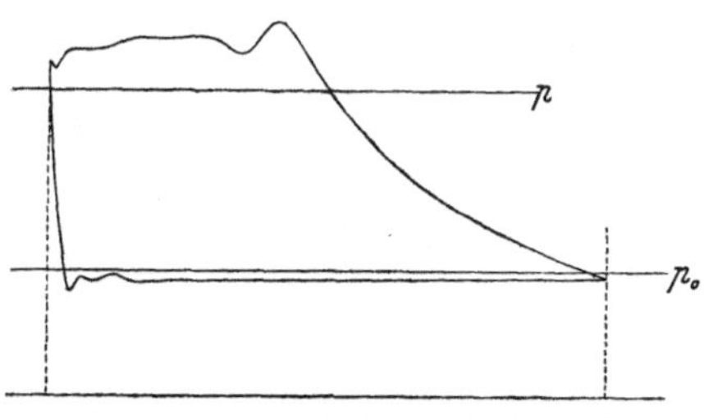

Versuch Nr. 34.
$p = 2{,}50$ kg/qcm, $p_0 = 1{,}02$ kg/qcm,
80,3 Umdr. i. d. Min.

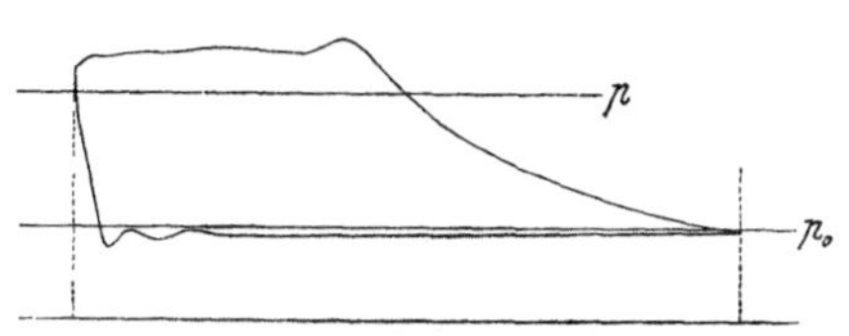

Versuch Nr. 11.
$p = 2{,}49$ kg/qcm, $p_0 = 1{,}01$ kg/qcm,
107,5 Umdr. i. d. Min.

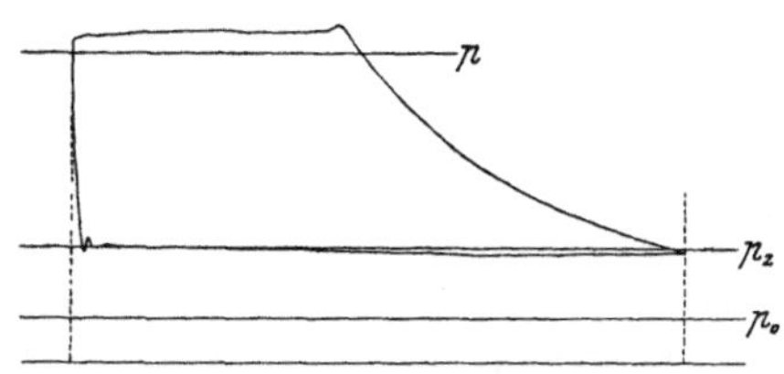

Versuch Nr. 80, Zylinder II.
$p = 7{,}01$ kg/qcm, $p_z = 2{,}62$ kg/qcm,
$p_0 = 1{,}02$ kg/qcm, 53,7 Umdr. i. d. Min.

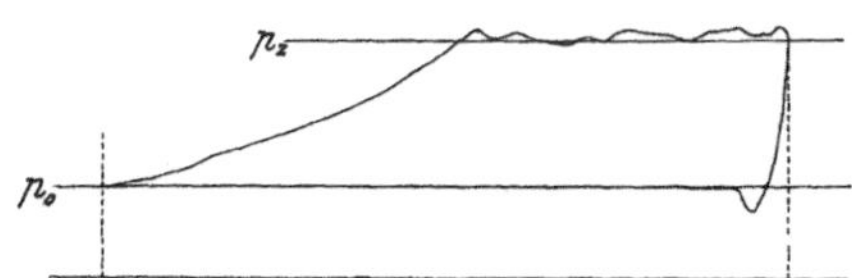

Versuch Nr. 80, Zylinder I, vorn.
$p_z = 2{,}62$ kg/qcm, $p_0 = 1{,}02$ kg/qcm,
53,7 Umdr. i. d. Min.

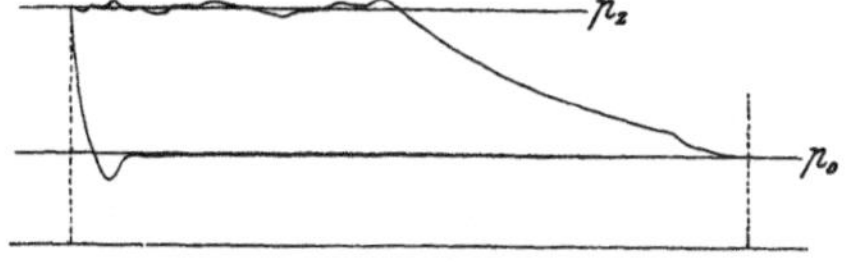

Versuch Nr. 80, Zylinder I, hinten.
$p_z = 2{,}62$ kg/qcm, $p_0 = 1{,}02$ kg/qcm,
53,7 Umdr. i. d. Min.

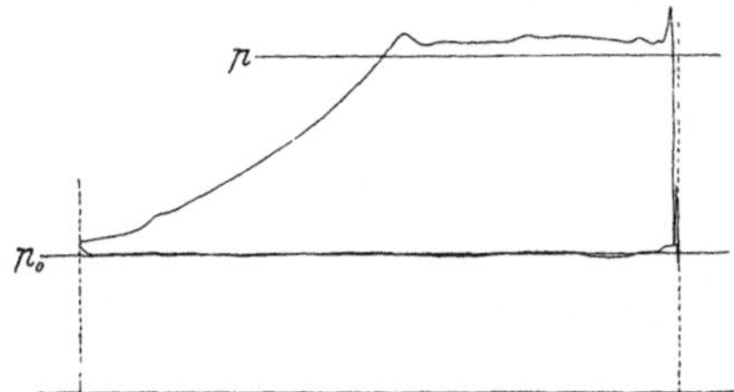

Versuch Nr. 54, vorn.
$p = 2{,}50$ kg/qcm, $p_0 = 1{,}02$ kg/qcm.
54,9 Umdr. i. d. Min.

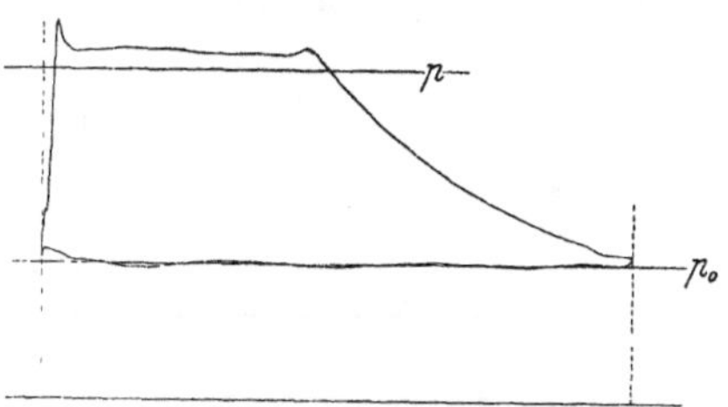

Versuch Nr. 54, hinten.
$p = 2{,}50$ kg/qcm, $p_0 = 1{,}02$ kg/qcm,
54,9 Umdr. i. d. Min.

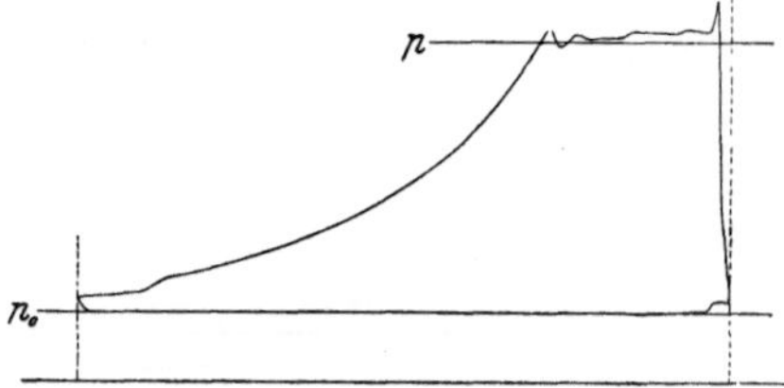

Versuch Nr. 58. vorn.
$p = 5,03$ **kg/qcm**, $p_0 = 1,02$ **kg/qcm**,
54,7 **Umdr. i. d. Min.**

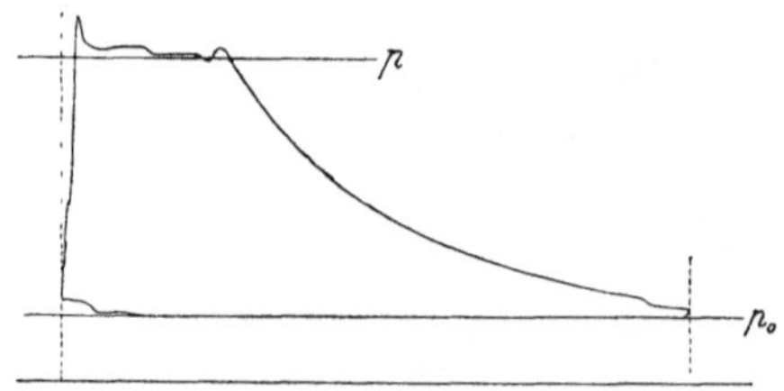

Versuch Nr. 58, hinten.
$p = 5,03$ **kg/qcm**, $p_0 = 1,02$ **kg/qcm**,
54,7 **Umdr. i. d. Min.**

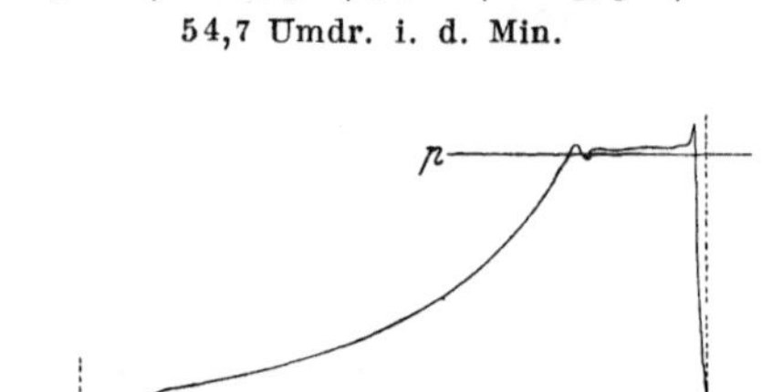

Versuch Nr. 56, vorn.
$p = 7,01$ **kg/qcm**, $p_0 = 1,02$ **kg/qcm**.
53,7 **Umdr. i. d. Min.**

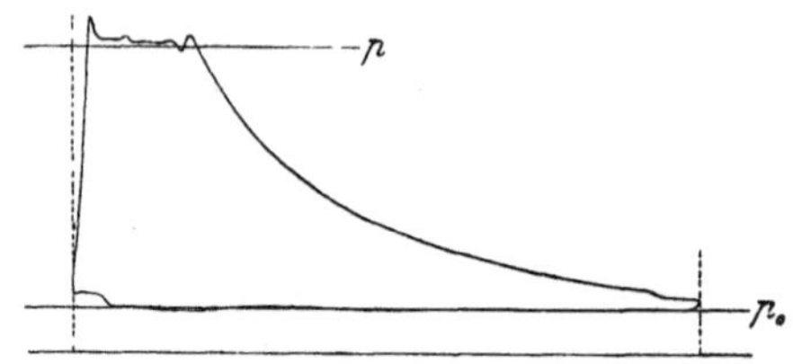

Versuch Nr. 56, hinten.
$p = 7,01$ **kg/qcm**, $p_0 = 1,02$ **kg/qcm**,
53,7 **Umdr. i. d. Min.**

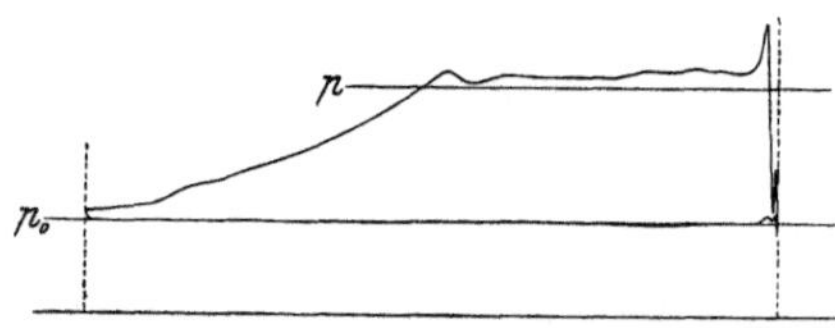

Versuch Nr. 66, vorn.
$p = 2,51$ **kg/qcm**, $p_0 = 1,03$ **kg/qcm**,
81,3 **Umdr. i. d. Min.**

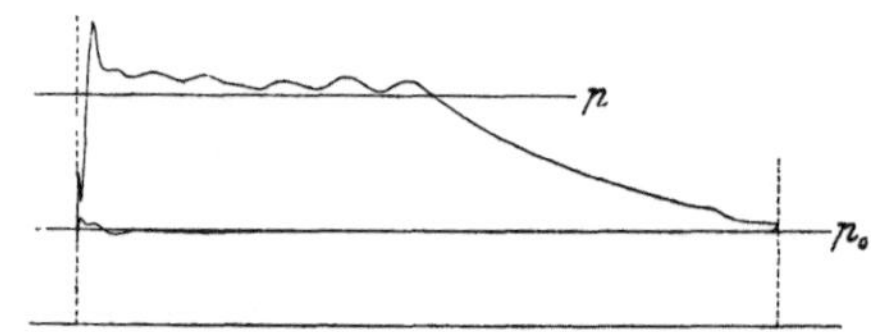

Versuch Nr. 66, hinten.
$p = 2,51$ **kg/qcm**, $p_0 = 1,03$ **kg/qcm**,
81,3 **Umdr. i. d. Min.**

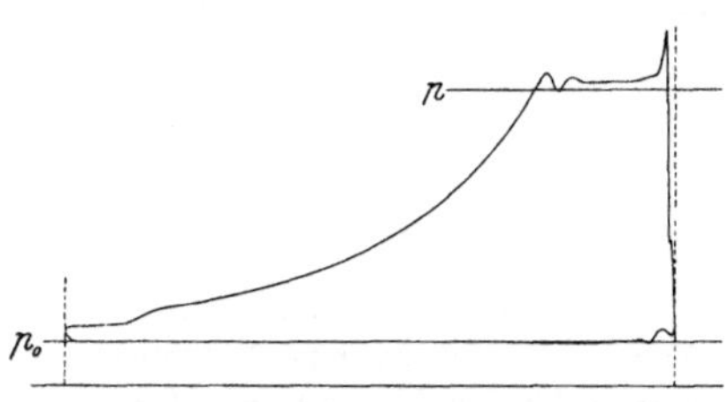

Versuch Nr. 60, vorn.
$p = 7,02$ **kg/qcm**, $p_0 = 1,03$ **kg/qcm**,
80,4 **Umdr. i. d. Min.**

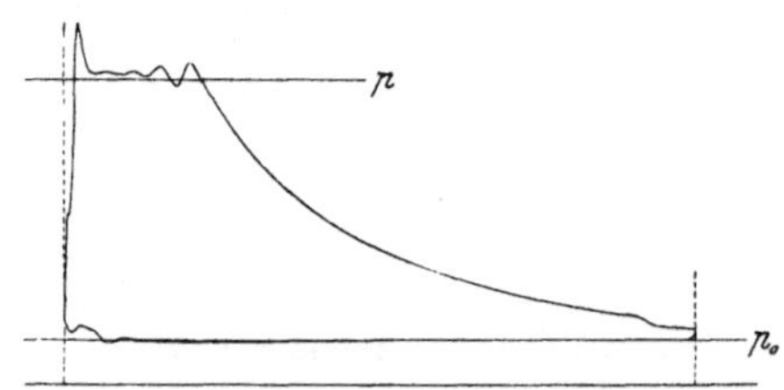

Versuch Nr. 60, hinten.
$p = 7,09$ **kg/qcm**, $p_0 = 1,03$ **kg/qcm**,
80,4 **Umdr. i. d. Min.**

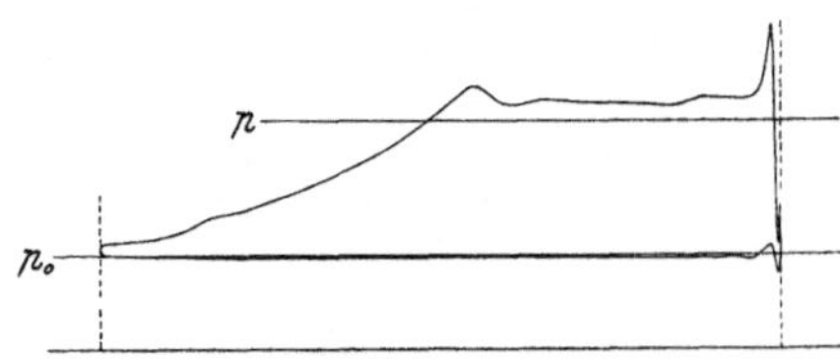

Versuch Nr. 70, vorn.
$p = 2,50$ **kg/qcm**, $p_0 = 1,02$ **kg/qcm**,
108,1 **Umdr. i. d. Min.**

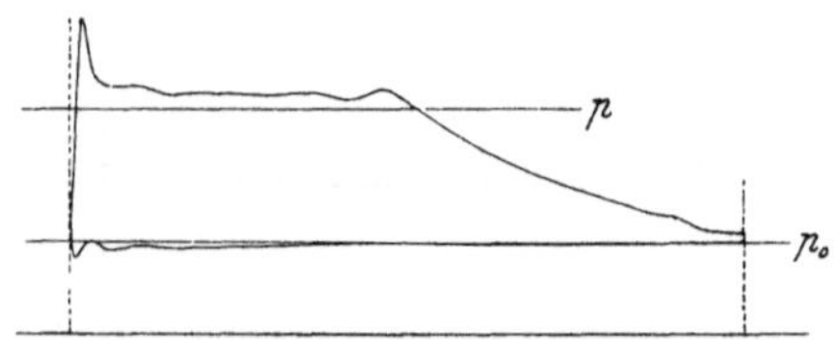

Versuch Nr. 70, hinten.
$p = 2,50$ **kg/qcm**, $p_0 = 1,02$ **kg/qcm**,
108,1 **Umdr. i. d. Min.**

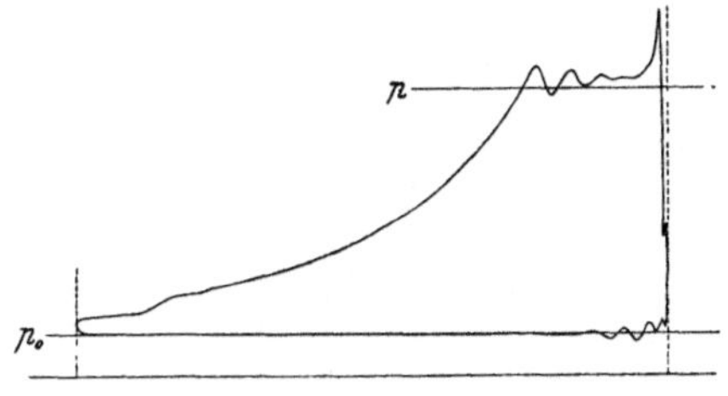

Versuch Nr. 72, vorn.
$p = 7{,}01$ kg/qcm, $p_0 = 1{,}02$ kg/qcm,
103,8 Umdr. i. d. **Min.**

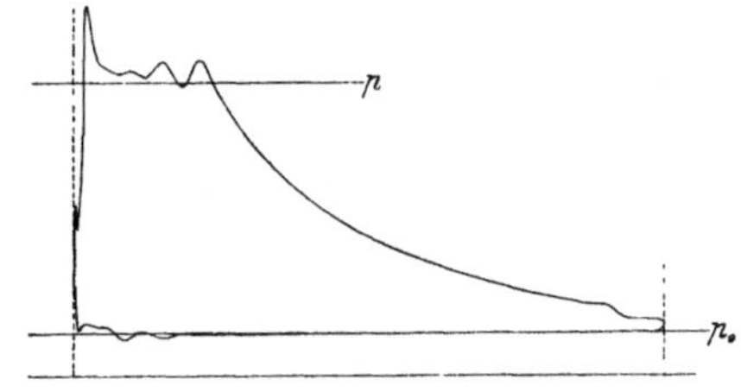

Versuch Nr. 72, hinten.
$p = 7{,}01$ **kg/qcm**, $p_0 = 1{,}02$ kg/qcm,
103,8 Umdr. i. d. **Min.**

Herrn Professor Dr. R. Mollier für die Ueberlassung der Laboratori ums einrichtungen zur Ausführung der Versuche, sowie für das der vorliegenden Arbeit entgegengebrachte Interesse meinen herzlichsten Dank auch an dieser Stelle aussprechen zu können, ist mir eine besondere Freude.

Zu Dank verpflichtet bin ich ferner Herrn Dr.-Ing. O. Fritzsche für die Ausführung einer Anzahl Kontrollmessungen.

Buchdruckerei A. W. Schade, Berlin N., Schulzendorfer Str. 26